中学・高校独学で、高校・大学の教師

もう一度！
小学校 5年・6年 の
算数がよ～くわかる本

南澤 巳代治

総合科学出版

はじめに

　本書は、小学校で習う算数、中でも5年・6年で習う算数の本です。
　小学校でも中高学年になると、小数、分数、割合、比、速さ、時間などの計算が多数登場してきて、ここでつまずいてしまう子どもたちが多くなります。低学年から習ってきた四則計算（＋、－、×、÷）がようやく身につき楽しくもなりはじめた頃なのに、ややこしい問題が登場しはじめたことで、算数がわからなくなり、嫌いにもなっていきます。そして、そのまま中学・高校へと進み、算数・数学嫌いの大人になってしまう人が多くなります。
　算数・数学の理解、好き嫌いの分かれ道が「小学校5年・6年の算数」なのです。ですから、本書はとくにこの段階の算数にしぼってまとめてみました。
　私は少年時代のきびしい事情の中で、中学、高校の数年間、教育を受ける機会を逃しました。「先生」と呼べる人のいないまま、働きながらひとりでコツコツと勉強を重ねて、大学へいきました。やがて教師になり、子供たちに算数・数学を教えてきました。
　ですから本書は、ひとりで勉強してきた体験を通して楽しく学べる方法をかき表しています。おもしろさ、楽しさを感じてもらうために、ゲーム的要素も加えています。
　教科書にとらわれない独自の考えで、私たちの生活の中で知っておきたいことも取り入れてあり、今までにない本だと自負しています。
　この本が、現在算数でとまどっている小学校高学年、中学になって数学が嫌いになった中学生、そして大人になって「もう一度やりなおしてみたい」人たちに、少しでも役立ててもらえれば幸いです。

2015年　春

南澤　巳代治

◆◇◆もう一度、小学校5年・6年の算数がよ～くわかる本◆◇◆もくじ

はじめに

ステップI
「数と量」の意味を知って計算に強くなろう
整数・小数・分数と四則計算

1 整数ってどんな数字？ ………………………………… 8
　　　整数とは
2 九九表って、こんなにも不思議がいっぱい！ ………… 9
　　■ 九九は「面積」
　　■ 九九表の3つの不思議！
　　　　　鉛筆を手にもってトライ！……問題の答えと解説……
　　補足　「3つの不思議」はまだまだある！
3 小数ってどんな数字？ ……………………………… 14
　　■ 小数とは
　　■ 小数の意味
　　■ 小数のたし算
　　　　　鉛筆を手にもってトライ！……問題の答えと解説……
　　■ 小数のひき算
　　　　　鉛筆を手にもってトライ！……問題の答えと解説……
　　■ 小数のかけ算
　　　　　鉛筆を手にもってトライ！……問題の答えと解説……
　　■ 小数のわり算
　　　　　鉛筆を手にもってトライ！……問題の答えと解説……

4 最大公約数と最小公倍数 …………………………………… 35
1 最大公約数とは
2 最小公倍数とは
鉛筆を手にもってトライ！……問題の答えと解説……

5 素数ってなんだ？ ………………………………………… 42
1 素数とは
2 素因数分解とは

6 分数ってなんだ？ ………………………………………… 44
1 分数の意味と種類
2 分数のたし算とひき算
鉛筆を手にもってトライ！……問題の答えと解説……
3 分数のかけ算
鉛筆を手にもってトライ！……問題の答えと解説……
4 分数のわり算
わる数をひっくり返して（逆数にして）かけ算にする
鉛筆を手にもってトライ！……問題の答えと解説……

7 もう一度、小数、分数ってなんだ？ ………………… 62
小数と分数は整数の「はんぱ」のまとめ役
鉛筆を手にもってトライ！……問題の答えと解説……

8 （−）×（−）は、なぜ（＋）になるのか？ …………… 66
1 式を展開するときの「3つの法則」
2 具体的な数字で考える
3 ＋、−の記号に目をつける

9 たし算・ひき算・かけ算・わり算のまじった式の計算 … 69
計算の順番
鉛筆を手にもってトライ！……問題の答えと解説……

ステップ2
図形の世界
さまざまな図形の意味と面積・体積

1　平面図形の種類と特徴………………………………… 74
　長方形と正方形
　　　　　　　鉛筆を手にもってトライ！……問題の答えと解説……

2　四角形・三角形・円の面積……………………………… 79
　1 四角形の面積
　2 三角形の面積
　3 円の面積
　　　　　　　鉛筆を手にもってトライ！……問題の答えと解説……

3　おうぎ形の面積………………………………………… 85
　おうぎ形とは
　　　　　　　鉛筆を手にもってトライ！……問題の答えと解説……

4　立体図形の種類と体積………………………………… 88
　直方体、立方体、三角柱、円柱の体積
　　　　　　　鉛筆を手にもってトライ！……問題の答えと解説……

5　展開図って何？………………………………………… 93
　展開図とは
　　　　　　　鉛筆を手にもってトライ！……問題の答えと解説……

ステップ3
日常の中での考え方と計算
割合と比・平均と単位・速さと時間と距離・比例・場合の数

1　割合と比 ……………………………………………………… 98
　1 割合とは
　2 比とは
　　　　　鉛筆を手にもってトライ！……問題の答えと解説……

2　平均と単位量あたりの大きさ …………………………… 103
　1 平均とは
　2 単位あたりの大きさとは
　3 単位の交換
　　　　　鉛筆を手にもってトライ！……問題の答えと解説……

ひとことアドバイス――単位について――

3　速さ・時間・道のり ……………………………………… 110
　　速さとは
　　　　　鉛筆を手にもってトライ！……問題の答えと解説……

ひとことアドバイス――時間と時刻のちがい？――

4　比例 ………………………………………………………… 115
　1 比例とは
　2 正比例の場合
　3 反比例の場合
　　　　　鉛筆を手にもってトライ！……問題の答えと解説……

5　場合の数 …………………………………………………… 121
　　場合の数とは
　　　　　鉛筆を手にもってトライ！……問題の答えと解説……

ひとことアドバイス――工夫した三角定規――

おわりに

ステップ1

「数と量」の意味を知って計算に強くなろう

整数・小数・分数と四則計算

 整数ってどんな数字？

整数とは

```
自然数  と  0  と  負の数
（正の数）
自然数（正の数） 1、2、3、4、5、6、7、8、9
原点　偶数……　 0
負の数　　　　　 －1、－2、－3、－4、－5、－6、－7
　　　　　　　　 －8、－9
```

となります。
これを数直線で表します。

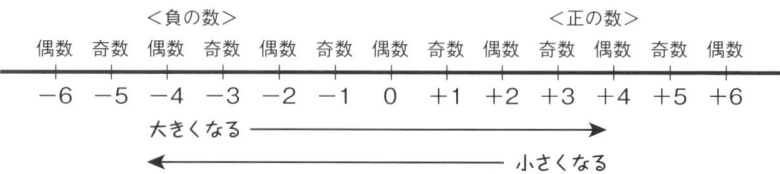

これで0は偶数になることがわかります。

0は基準（中心）と考えられますので、数字の左右は対称であり、+3の反数（たすと0になる数）は－3、－3の反数は+3となります。

$$+5 -5 = 0$$
$$+5 = +5$$

0で等しくなるのです。＝をはさんで反対側に移項しますと、必ず符号が変わります。しっかり覚えておきましょう。

2 九九表って、こんなにも不思議がいっぱい！

ひとけたの自然数どうしのかけ算は低学年で習いますが、この九九表に「不思議」があったことに気づいていましたか？

1 九九は「面積」

―― 九 九 表 ――

かけられる＼かける	1	2	3	4	5	6	7	8	9	よこの合計
1の段	1	2	3	4	5	6	7	8	9	45
2の段	2	4	6	8	10	12	14	16	18	90
3の段	3	6	9	12	15	18	21	24	27	135
4の段	4	8	12	16	20	24	28	32	36	180
5の段	5	10	15	20	25	30	35	40	45	225
6の段	6	12	18	24	30	36	42	48	54	270
7の段	7	14	21	28	35	42	49	56	63	315
8の段	8	16	24	32	40	48	56	64	72	360
9の段	9	18	27	36	45	54	63	72	81	405
たての合計	45	90	135	180	225	270	315	360	405	2025

(よこの合計の差はすべて45。たての合計の差もすべて45)

1の段の合計が45ですので、9の段は 45 × 9 = 405 です。なぜこうなるのでしょう。これは格段の値が倍倍とふえていき、合計の値もそのようにふえていくからです。

> 九九は 面積 を表しています。
> （たて×よこ）

2 九九表の3つの不思議！

(1) ななめの積の値は等しい。

①
3×8=24
4×6=24

3	4
6	8

②
56×72=4032
64×63=4032

56	63
64	72

(2) 十字の左右・上下の和は等しい。

①
9+12+15=36
8+12+16=36

```
    9
8  12  16
   15
```

②
25+30+35=90
24+30+36=90

```
      25
24  30  36
      35
```

(3) 九つのマス目（3×3）からなる正方形で囲まれた枠の中央の数字にマス目数の9をかけると、九つのマス目の合計が求められる。

① 中央の数字 × マス目の数 = 合計
9×9=81

4	6	8
6	⑨	12
8	12	16

② 中央の数字 × マス目の数 = 合計
35×9=315

24	30	36
28	㉟	42
32	40	48

上の段　4+6+8　　=9×2
中の段　6+9+12　=9×3
下の段　8+12+16=9×4
　　　　　　　　　　　9

上の段　24+30+36=35×2.57…
中の段　28+35+42=35×3
下の段　32+40+48=35×3.43…
　　　　　　　　　　　　　9

鉛筆を手にもってトライ！

問題 つぎの表の値を求めましょう。

(1) ななめの積

①
12	15
16	20

②
16	24
18	27

(2) 十字の左右の和と上下の和

①
	10	
6	12	18
	14	

②
	28	
24	32	40
	36	

(3) 九つのマス目の合計

①
12	15	18
16	20	24
20	25	30

②
8	10	12
12	15	18
16	20	24

2 九九表って、こんなにも不思議がいっぱい！

············問題の答えと解説············

問題の答え

(1)

①
12 × 20 = 240
15 × 16 = 240
答え　240

②
16 × 27 = 432
24 × 18 = 432
答え　432

(2)

①
6 + 12 + 18 = 36
10 + 12 + 14 = 36
答え　36

②
24 + 32 + 40 = 96
28 + 32 + 36 = 96
答え　96

(3)

①
20 × 9 = 180

12+15+18 = 20×2.25
16+20+24 = 20×3
20+25+30 = 20×3.75
　　　　　　 20×9
答え　180

②
15 × 9 = 135

8+10+12　= 15×2
12+15+18 = 15×3
16+20+24 = 15×4
　　　　　　 15×9
答え　135

補足 「3つの不思議」はまだまだある！

マス目の数が奇数の正方形、25(5×5)や49(7×7)、81(9×9)になっても、中央の数字にマス目数をかけると、合計が求められます。

(1) マス目の数が5×5で25個の場合

2	3	4	5	6
4	6	8	10	12
6	9	⑫	15	18
8	12	16	20	24
10	15	20	25	30

25個のマス目からなる正方形で囲まれた枠の中央の数字にマス目数の25をかけると25個のマス目の合計が求められる。

(中央の数字)×(マス目の数)=(合計)
12×25=300

(2) マス目の数が7×7で49個の場合

1	2	3	4	5	6	7
2	4	6	8	10	12	14
3	6	9	12	15	18	21
4	8	12	⑯	20	24	28
5	10	15	20	25	30	35
6	12	18	24	30	36	42
7	14	21	28	35	42	49

49個のマス目からなる正方形で囲まれた枠の中央の数字にマス目数の49をかけると49個のマス目の合計が求められる。

(中央の数字)×(マス目の数)=(合計)
16×49=784

(3) マス目の数が9×9で81個の場合（九九の全体表）

1	2	3	4	5	6	7	8	9
2	4	6	8	10	12	14	16	18
3	6	9	12	15	18	21	24	27
4	8	12	16	20	24	28	32	36
5	10	15	20	㉕	30	35	40	45
6	12	18	24	30	36	42	48	54
7	14	21	28	35	42	49	56	63
8	16	24	32	40	48	56	64	72
9	18	27	36	45	54	63	72	81

81個のマス目からなる正方形で囲まれた枠の中央の数字にマス目数の81をかけると、81個のマス目の合計が求められる。

(中央の数字)×(マス目の数)=(合計)
25×81=2025

※「ななめの積は等しい」「十字の左右・上下の和は等しい」もたしかめてみよう！

3 小数ってどんな数字？

1 小数とは

> 整数からはみ出た「はんぱ」の数をいいます。

　小数点の前の 0 は数字なのでしょうか？
　その前に、整数である自然数は数字の 1、2、3、4、5、6、7、8、9 からなり、古く古く何千年も前に発明されましたが、0 はこのあとから発明されました。
　そして現代では、整数は 0 もふくめて「自然数（正の数）＋ 0 ＋負の数」この 3 つからなっています。
　0（ゼロ）とは「なにもない」「どこにもない」という意味です。
　ところが、使い方によってはいろいろな働きをするのです。
　たとえば、1 と 5 を組み合わせると 15 となります。0「なにもない」を 1 と並べると 10 となり、すばらしい数字として役立ちます。
　0 は「無」の 0 ですが、1 の右に 0 が 8 つ並ぶと、どうなるでしょうか？

　　　100000000

　ところで、小数はたとえば「0.1」などとかかれますが、これはなにもない「0」より小さい数字なのでしょうか？

2 小数の意味

> 小数は「1より小さく0より大きい数」

この意味から数直線で表すと、

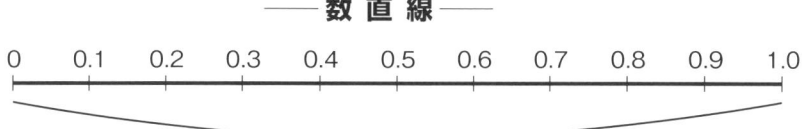

この範囲の数字を小数といいます。

例 0.562 は、0.1 が 5 つ、0.01 が 6 つ、0.001 が 2 つ、これが集まった数からなっています。

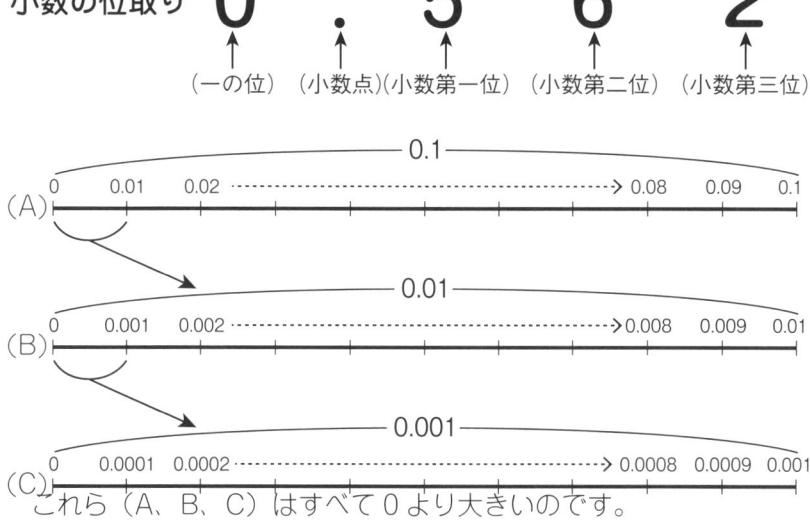

これら（A、B、C）はすべて0より大きいのです。

3 小数のたし算

> 小数のたし算（ひき算）は、位、小数点の位置をしっかりそろえて計算します。

例1 つぎの計算をしましょう。
(1) 0.05 + 4.00 + 0.80
(2) 1.20 + 3.00 + 0.09

まず、小数点の位置をそろえましょう。

(1) ←小数点をそろえる
```
   0.05
   4.00
 + 0.80
 ──────
   4.85
```
答え 4.85

(2) ←小数点をそろえる
```
   1.20
   3.00
 + 0.09
 ──────
   4.29
```
答え 4.29

例2 下の絵のように、3匹がはかりの上に乗りました。みんなで何kg（キログラム）あるでしょう。また、一番重いのと一番軽いのとの差はいくらでしょうか。

※小数点の位置を考える。

（合計の式）
　12.6 + 125.3 + 64.3
= 202.2 （kg）

（差の式）
125.3 − 12.6 = 112.7 （kg）

```
    12.6
   125.3
 +  64.3
 ──────
   202.2
```

```
   125.3
 −  12.6
 ──────
   112.7
```

答え　合計 202.2kg
　　　差　112.7kg

鉛筆を手にもってトライ！

問題1 つぎの図をみて、たし算をしましょう。

(1) くじらは数をえさとして、えさはおなかの中に4つ入っていて、外にも4つあります。

㋐ おなかの中のえさの数の合計はいくつでしょうか。
㋑ 外のえさの数の合計はいくつでしょうか。
㋒ 合わせて数はいくつになるでしょうか。

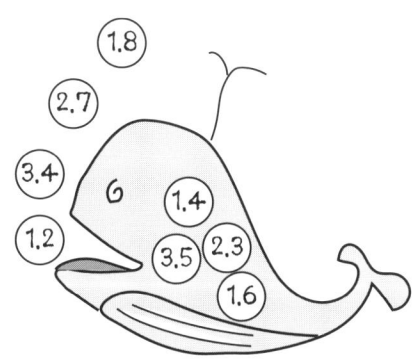

(2) ㋐～㋒に数を入れて、たて、よこ、ななめの合計が同じ数になるようにしましょう。

　どこから考えたら、いいかな？

0.4	㋐	0.2
㋕	0.5	㋑
㋔	㋒	0.6

3 小数ってどんな数字？

問題2 つぎのたし算をしましょう。

(1) ㋐ 0.05 + 4 + 0.08
　　 ㋑ 1.2 + 3 + 0.09

(2) 紙テープの長さを求めましょう。

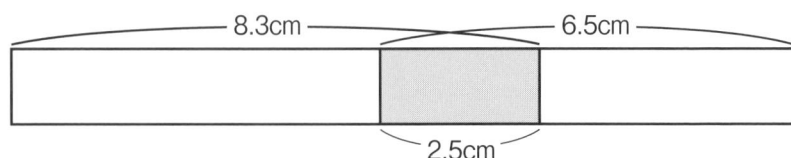

2.5cmを重ねてはると、全体の紙テープの長さは何cmになるでしょうか。

(3) 重さ0.2kgの箱に1個の重さが30gのみかんが12個入っています。みかんと箱とを合わせて何kgになるでしょうか。
(注) 1000g = 1kg

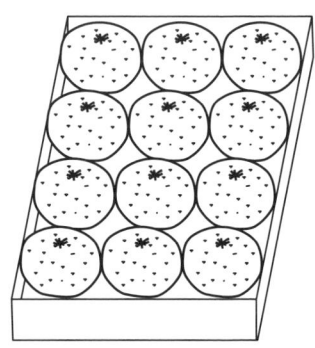

(4) たし算めいろ、走れ！ コースの数をたして 2.0 になると、ゴールします。（一度通った道は二度通れません）

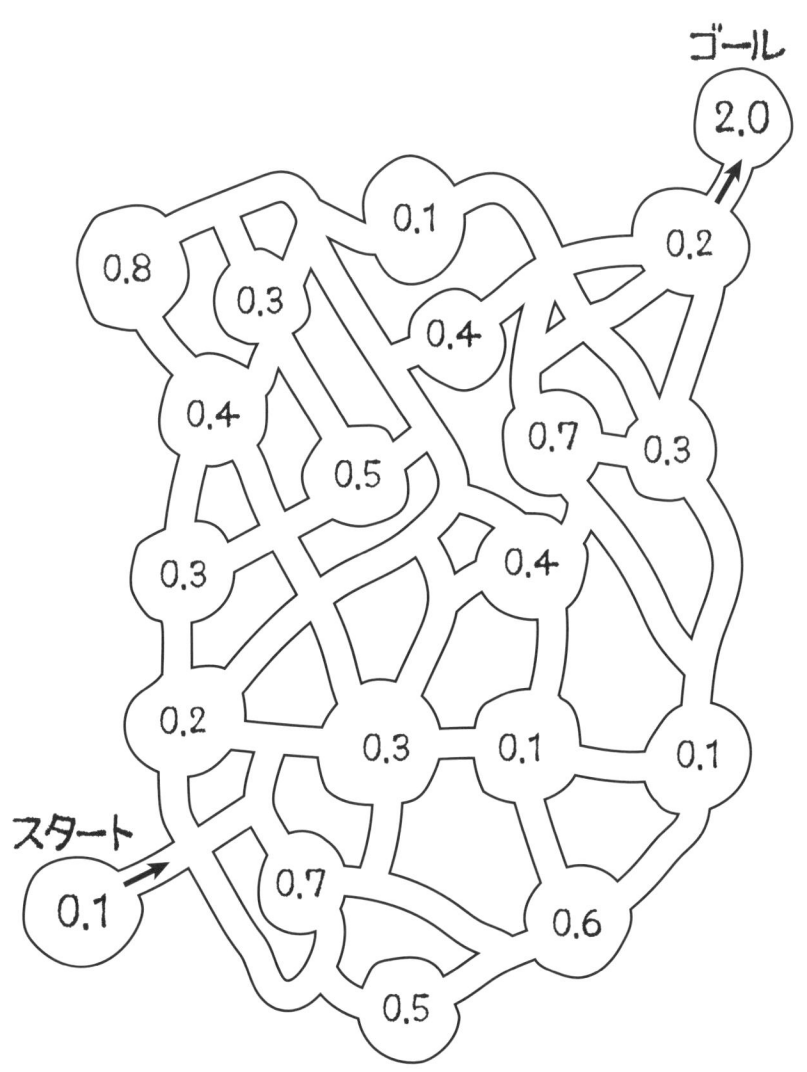

············問題の解説と答え············

問題 1 の答え

(1)
- ㋐ おなかの中の数の合計は
  $1.4 + 2.3 + 3.5 + 1.6 = 8.8$
  答え　8.8
- ㋑ 外の数の合計は
  $1.8 + 2.7 + 3.4 + 1.2 = 9.1$
  答え　9.1
- ㋒ 合わせた数は、㋐＋㋑
  $8.8 + 9.1 = 17.9$
  答え　17.9

```
  1.4          1.8
  2.7          2.7
  3.5          3.4
+ 1.6        + 1.2
-----        -----
  8.8          9.1

  8.8
+ 9.1
-----
 17.9
```

(2)
右下がりの合計＝0.4＋0.5＋0.6
　　　　　　　＝1.5
たて、よこ、ななめの合計が同じだから
㋐＝1.5－0.4－0.2＝0.9
㋑＝1.5－0.2－0.6＝0.7
㋒＝1.5－0.9－0.5＝0.1
㋓＝1.5－0.6－0.1＝0.8
㋔＝1.5－0.4－0.8＝0.3

0.4	㋐	0.2
㋔	0.5	㋑
㋓	㋒	0.6

答え　㋐＝0.9　　㋑＝0.7　　㋒＝0.1
　　　㋓＝0.8　　㋔＝0.3

·················問題の解説と答え·················

問題2の答え

(1)

```
  ⑦   0.05
       4
   +  0.8
    ─────
      4.85
```

```
  ⑦   1.2
       3
   +  0.09
    ─────
      4.29
```

答え　⑦ 4.85　⑦ 4.29

(2)　紙テープの長さは

$83+65-2.5=145.5$(cm)

答え　145.5cm

(3)　みかん12個と箱を合わせた重さは

箱　0.2kg＝200g

$30×12+200=560$(g)

560g＝0.56kg

答え　0.56kg

(4)　答えはいくつか考えられます。

そのひとつの答えがつぎです。

$0.1+0.2+0.3+0.1$
$+0.1+0.7+0.3$
$+0.2=2.0$

（一度通った道は二度通れないとしても、ほかにもいくつかあります。自分でもっと考えてみましょう）

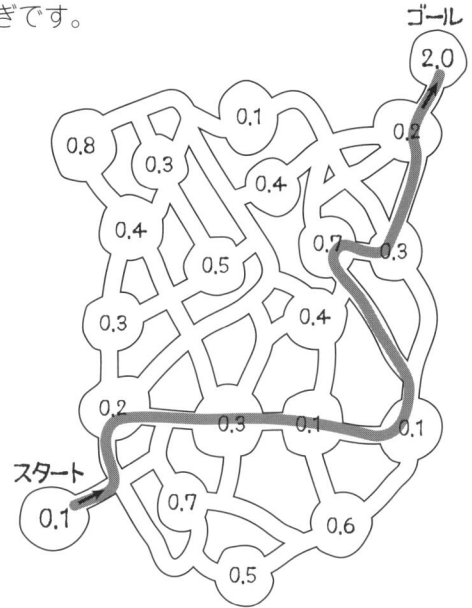

4 小数のひき算

> 小数のひき算（たし算）は、位、小数点の位置をしっかりそろえて計算します。

例1 つぎの計算をしましょう。

(1) 0.9 − 0.1 − 0.5
(2) 7.3 − 0.5 − 2.4

まず、小数点の位置をそろえましょう。

(1) ←小数点をそろえる
```
  0.9
− 0.1
− 0.5
─────
  0.3
```
答え 0.3

(2) ←小数点をそろえる
```
  7.3
− 0.5
− 2.4
─────
  4.4
```
答え 4.4

例2 下の図はブーちゃんです。スタートの数1からどのコースの数をひいていくと、ゴールの0.05になるでしょうか。

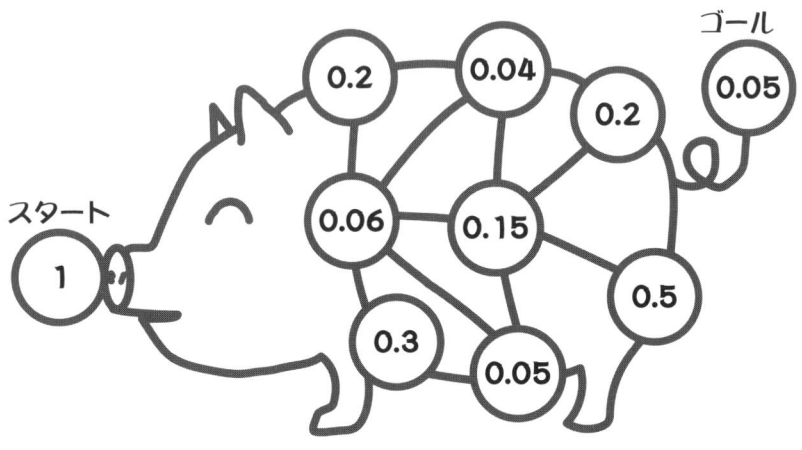

答え　1 − (0.2 + 0.06 + 0.04 + 0.15 + 0.5) = 0.05

鉛筆を手にもってトライ！

問題 1　つぎのひき算をしましょう。

(1)　㋐　0.2 − 0.06

　　　㋑　5.4 − 0.75

(2)　下の図は「おっとせい」です。スタートの数 10 から、どのコースの数をひいていくと、ゴールの数 0.5 になるでしょうか。

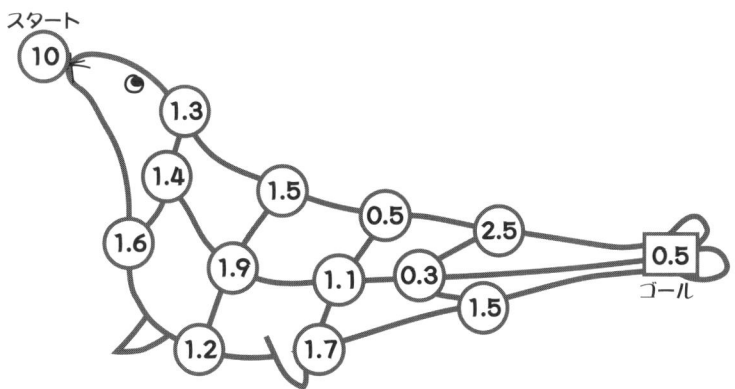

(3)　単位のついたひき算をしましょう。

　　㋐　25m6cm − 18m47cm＝　　　m

　　㋑　4kg35g − 3kg165g ＝　　　kg

　　　　　　※　1m＝100cm　　1kg ＝ 1000g

鉛筆を手にもってトライ!

問題2　ひき算のめいろ──転(ころ)べコロコロゲーム

スタートの 1.5 から、どういう順番でひいていくと、ゴールの 0.01 になりますか。

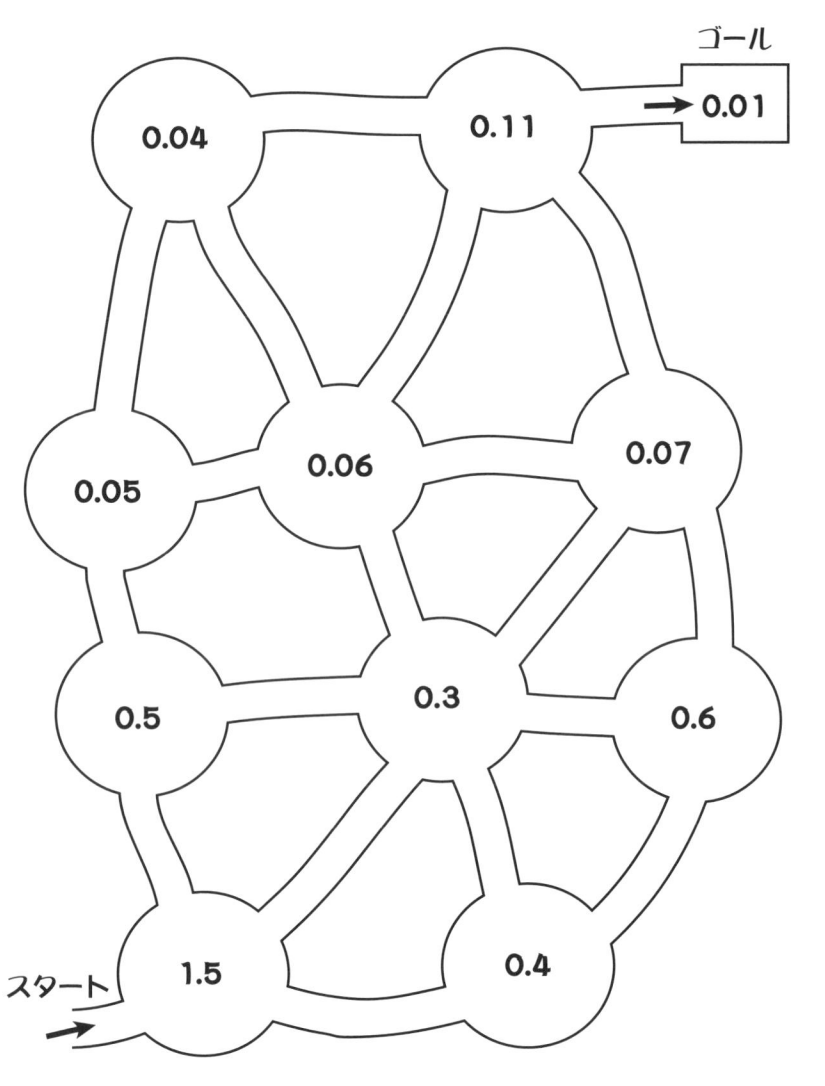

········問題の解説と答え········

問題1の答え

(1) ㋐ 0.14   ㋑ 0.5

(2) 答えのコース（おっとせい）
　　10−(1.3＋1.4＋1.9＋1.5＋0.5＋1.1＋0.3＋1.5)＝0.5

（もう1つのコース　---線）

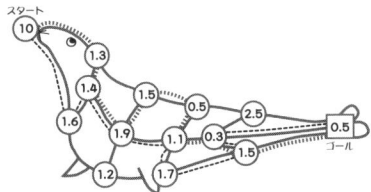

(3) ㋐ 6.29m   ㋑ 0.87kg

問題2の答え

　　1.5 − (0.4 + 0.3 + 0.5 + 0.05 + 0.06 + 0.07 + 0.11)
＝ 0.01

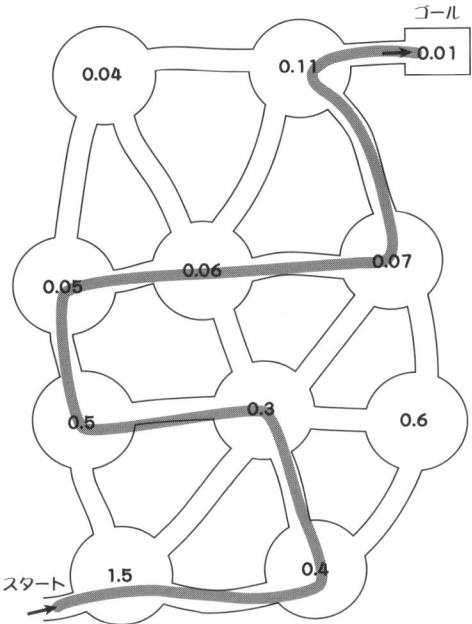

5 小数のかけ算

> かけ算をするときは、整数のつもりで小数がないものと考えて計算します。計算したあと、かける数とかけられる数の小数点以下のけた数をたした数だけ、右はしから数えて小数点をうちます。

例1 2.36 × 1.5 = 3.540 = 3.54

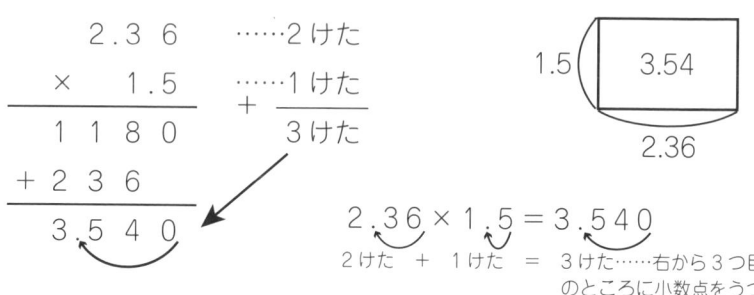

例2 15 × 0.5 = 7.5

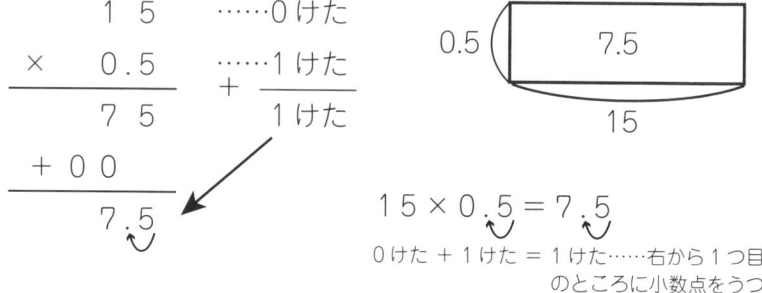

問題 1 つぎの計算をしましょう。

(1) □にあう小数を入れましょう。

$1 の \frac{1}{10}$ は ㋐　　$0.1 の \frac{1}{10}$ は ㋑

$1 の \frac{1}{100}$ は ㋒　　$0.01 の \frac{1}{10}$ は ㋓

(2) ㋐ 4.26 × 3.14
　　㋑ 0.276 × 0.24

(3) ( )にあう数字を入れましょう。

㋐ 3.5 × 2.3

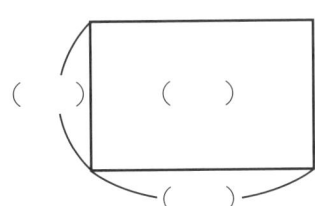

㋑ 3.7 × 1.9

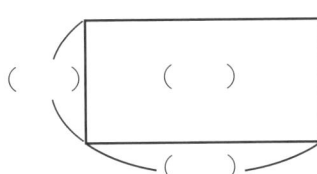

3 小数ってどんな数字?

鉛筆を手にもってトライ！

問題2 つぎの式を計算して答えを順に直線でむすんでいくと、夜空にかがやくものができます。なんでしょう。

① 1.5 × 0.8

② 6.4 × 1.2

③ 1.2 × 1.6

④ 1.8 × 4.5

⑤ 4.2 × 0.7

········問題の解説と答え········

3 小数ってどんな数字？

問題 1 の答え

(1) ㋐ = 0.1　　㋑ = 0.01
　　㋒ = 0.01　　㋓ = 0.001

(2)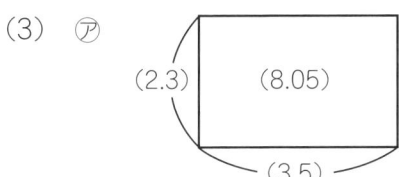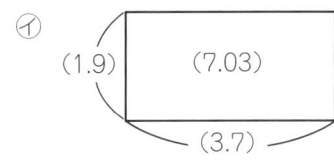

(3) ㋐ (2.3) (8.05) (3.5)　　㋑ (1.9) (7.03) (3.7)

問題 2 の答え

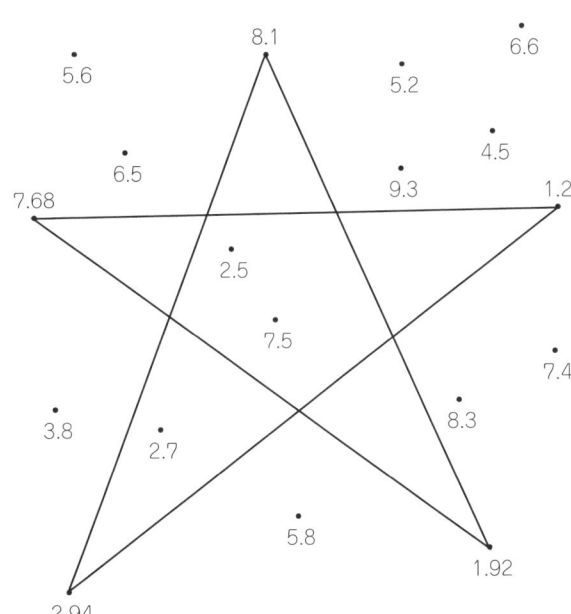

6 小数のわり算

> わり算をするときは、わられる数、わる数を10倍、100倍……にして、余りの小数点もわられる数の小数点にそろえます。

例1

（商）×（わる数）+（余り）=（わられる数）
　↓　　　　↓　　　　↓　　　　　↓
　0.54　×　5　+　0.04　=　2.74

※ 商（しょう）はわり算における答えのことです。

この式をわり算式では、つぎのように解きます。

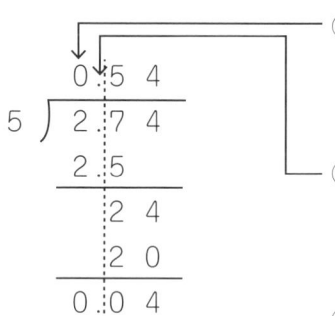

① この中に5がないのでまず商の位のところは0をかきます。
② わられる数の小数点にあわせて商、余りの小数点をうちます。
③ 商が小数点第二位まで計算したときの余りは0.04です。

図であらわすと、つぎのようになります。

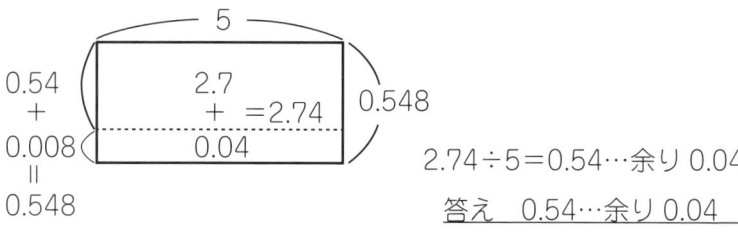

2.74÷5=0.54…余り0.04

答え　0.54…余り0.04

例2　　27.3 ÷ 3.14　　これを100倍にする。
　　　　　2730 ÷ 314

この式をわり算式でつぎのように解きます。

```
        8                              8
314)2730         100分の1        3.14)27.30
    2512         にして元に            25.12
    218…余り     もどすと              2.18…余り
```

※小数点はもとの小数点の
　あった位置につけます。

図であらわすと、つぎのようになります。

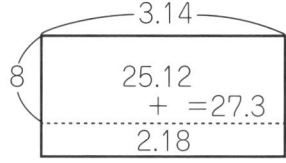

27.3 ÷ 3.14 = 8 … 余り 2.18

答え　8で、余り 2.18

例3　つぎの □ にあてはまる数を入れて、わり算式をつくりましょう。

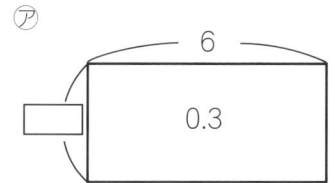

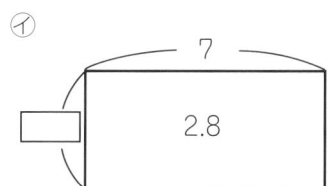

□ = 0.05

□ = 0.4

答え　(式) 0.3 ÷ 6 = 0.05

答え　(式) 2.8 ÷ 7 = 0.4

3　小数ってどんな数字？

問題1　つぎの計算をしましょう。

(1) ☐にあてはまる数やことばをかきましょう。
　　ただし、数は小数第一位までとします。

9.5÷4＝[ア]、余り[イ]になります。小数のわり算で[ウ]を考えるとき、余りの小数点は[エ]の小数点の位置にそろえます。

(2) つぎの☐にあてはまる数を入れて、わり算の式をつくりましょう。

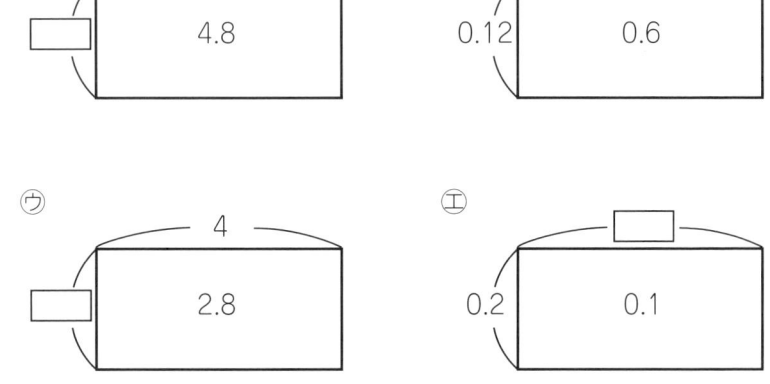

問題2 つぎの計算をしましょう。

つぎの式を計算して答えの順に直線でむすんでいくと、動物ができます。なんの動物でしょう。

（式）

① 0.5 ÷ 2　　② 3.9 ÷ 3　　③ 2.5 ÷ 5　　④ 0.8 ÷ 5
⑤ 3.2 ÷ 2　　⑥ 0.9 ÷ 3　　⑦ 2.6 ÷ 2　　⑧ 3.2 ÷ 0.2
⑨ 0.2 ÷ 2　　⑩ 2.4 ÷ 4　　⑪ 4.3 ÷ 5　　⑫ 0.4 ÷ 8
⑬ 0.6 ÷ 0.5　⑭ 0.6 ÷ 3　　⑮ 7.6 ÷ 2　　⑯ 0.6 ÷ 4
⑰ 1.2 ÷ 3　　→①

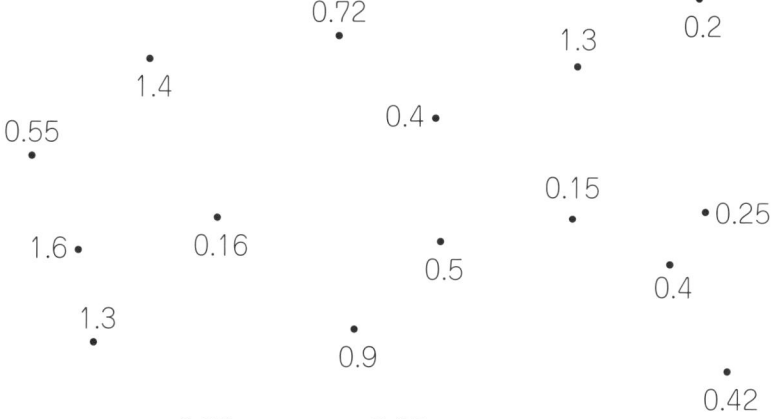

3 小数ってどんな数字？

·········問題の解説と答え·········

問題1の答え

(1)　㋐＝ 2.3 　　　　　　　㋑＝ 0.3
　　㋒＝ 余り 　　　　　　㋓＝ わられる数

(2)　㋐＝ 0.6 　（式）4.8÷8＝0.6
　　㋑＝ 5 　　（式）0.6÷0.12＝5
　　㋒＝ 0.7 　（式）2.8÷4＝0.7
　　㋓＝ 0.5 　（式）0.1÷0.2＝0.5

問題2の答え

①0.5÷2＝0.25　②3.9÷3＝1.3　③2.5÷5＝0.5　④0.8÷5＝0.16
⑤3.2÷2＝1.6　⑥0.9÷3＝0.3　⑦2.6÷2＝1.3　⑧3.2÷0.2＝16
⑨0.2÷2＝0.1　⑩2.4÷4＝0.6　⑪4.3÷5＝0.86　⑫0.4÷8＝0.05
⑬0.6÷0.5＝1.2　⑭0.6÷3＝0.2　⑮7.6÷2＝3.8　⑯0.6÷4＝0.15
⑰1.2÷3＝0.4　→①

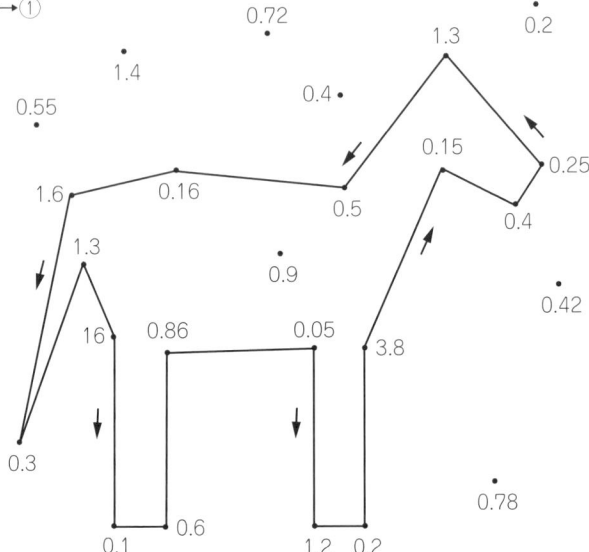

4 最大公約数と最小公倍数

1 最大公約数とは

> 最大公約数とは、与えられたそれぞれの数の約数で一番大きな共通約数をいいます。

[約数] とは

18 は整数の 1、2、3、6、9、18 でわりきれます。このとき、1、2、3、6、9、18 は 18 の約数といい、6 つの約数があることになります。

12 の約数をさがしてみると、整数の 1、2、3、4、6、12 の 6 つです。つまり 12 の約数は 6 つあるということになります。

18
18 ÷ 1 = 18
18 ÷ ② = 9
18 ÷ ③ = 6
18 ÷ ⑥ = 3
18 ÷ 9 = 2
18 ÷ 18 = 1

12
12 ÷ 1 = 12
12 ÷ ② = 6
12 ÷ ③ = 4
12 ÷ 4 = 3
12 ÷ ⑥ = 2
12 ÷ 12 = 1

[公約数] とは

2 つ以上の数の共通する約数を公約数といいます。12 と 18 は、2、3、6 でわりきれます。このとき、2、3、6 は 12 と 18 の公約数といいます。

でも、1 は公約数には入れません。

[最大公約数] とは

いままで与えられた数である 12 と 18 の場合を考えてみましょう。この 2 つを共通した数でわっていきます。

12 と 18 について共通してわることができる数は 2 と 3 で、これ

をかけ算（2×3＝6）にした 6 が、12 と 18 に共通して求められた最大公約数ということになります。

```
  2 ) 12  18
  3 )  6   9
        2   3
```

最大公約数　2×3＝6

2 最小公倍数とは

> 最小公倍数とは、与えられたそれぞれの数の約数で一番小さな共通倍数をいいます。

[倍数] とは

3 の倍数は、3、6、9、12、15、……とかぎりなくあります。4 の倍数も、4、8、12、16、……とかぎりなくあります。

[公倍数] とは

2 つ以上の数に共通する倍数を公倍数といいます。

したがって、

3 の倍数、3、6、9、12、15、18、21、24、……

4 の倍数、4、8、12、16、20、24、……

この 2 つの数（3、4）に共通する倍数は 12、24、……となります。

これが 3 と 4 の公倍数になります。

[最小公倍数] とは

それでは、最大公約数の説明と同様の 12、18 の場合を考えてみましょう。

3
3×1＝3
3×2＝6
3×3＝9
3×4＝⑫
3×5＝15
3×6＝18
3×7＝21
3×8＝㉔
……

4
4×1＝4
4×2＝8
4×3＝⑫
4×4＝16
4×5＝20
4×6＝㉔
4×7＝28
……

各数を共通した数でわっていくと、一番小さな共通倍数はつぎのように求められます。

　わっていく数がなくなったら、わり算をやめます。

　ここで注意したいのは、途中でわりきれない数がでても、そのままおろしていって、わり算をつづけることです。

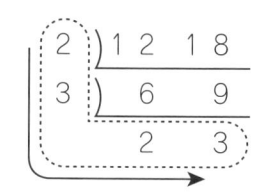

最小公倍数　2×3×2×3＝36

　最後にでた数と、わっていった数を全部かけ合わせた数が、最小公倍数となります。

　最小公倍数は36となります。

例　与えられた数が18と24のとき、最大公約数と最小公倍数を求めましょう。

①最大公約数
　2×3＝6

②最小公倍数
　2×3×2×3×2＝72

①最大公約数　2×3＝6
②最小公倍数　2×3×2×3×2＝72

答え　最大公約数は6、最小公倍数は72

問題 1 つぎの問題に答えましょう。

(1) つぎの数の約数を大きいほうから順に 3 つかきましょう。

　　㋐ 24　　　㋑ 35　　　㋒ 30

　　㋓ 40　　　㋔ 32　　　㋕ 48

(2) つぎの数の公約数を大きいほうから順に 3 つかきましょう。

　　㋐ 20、40　　　㋑ 8、16

　　㋒ 6、36　　　㋓ 18、30

(3) つぎの 3 つの数の最大公約数を求めましょう。

　　3 つの数は　　36、54、72

(4) 米 180kg と麦 120kg があります。これをまぜないで袋の数をなるべく少なくするには、何 kg 入れた袋を何個つくればよいでしょう。

鉛筆を手にもってトライ！

問題2 つぎの問題に答えましょう。

(1) つぎの数の倍数を小さいほうから順に3つかきましょう。

　　㋐ 5　　　　㋑ 6　　　　㋒ 7

　　㋓ 8　　　　㋔ 9　　　　㋕ 12

(2) つぎの数の公倍数を小さいほうから順に3つかきましょう。

　　㋐ 6、12　　㋑ 7、8　　㋒ 4、9

　　㋓ 5、15　　㋔ 6、9　　㋕ 12、24

(3) つぎの3つの数の最小公倍数を求めましょう。
　　[4、6、8]
　　まず、公倍数の「さかな」をさがそう。どこにいるのかな。

　4　　24　16
　　　　25　18
　　　　　　　　　6　30
　　　　20　40　32
　　　　　　　8

········問題の解説と答え········

問題1の答え

(1) ㋐ 24、12、8　　㋑ 35、7、5
　　 ㋒ 30、15、10　　㋓ 40、20、10
　　 ㋔ 32、16、8　　㋕ 48、24、12

(2) ㋐ 20、10、5　　㋑ 8、4、2
　　 ㋒ 6、3、2　　㋓ 6、3、2

(3) 　（式）

```
   2 ) 36  54  72
   3 ) 18  27  36
   3 )  6   9  12
        2   3   4
```

最大公約数
＝2×3×3
＝18

答え　18

(4) 　（式）　60kg入り袋を考えると

```
            米      麦
    60 ) 180    120
          3      2
```

3＋2＝5………60kg入り袋5個

答え　60kg入り袋5個（米3袋、麦2袋）

40

········問題の解説と答え········

問題2の答え

(1) ㋐ 5、10、15　　㋑ 6、12、18
　　㋒ 7、14、21　　㋓ 8、16、24
　　㋔ 9、18、27　　㋕ 12、24、36

(2) ㋐ 12、24、36　　㋑ 56、112、168
　　㋒ 36、72、108　　㋓ 15、30、45
　　㋔ 18、36、54　　㋕ 24、48、72

(3) 3つの数は4、6、8なので、「24のさかな」だ！
　　みんなでアミを重ねよう。

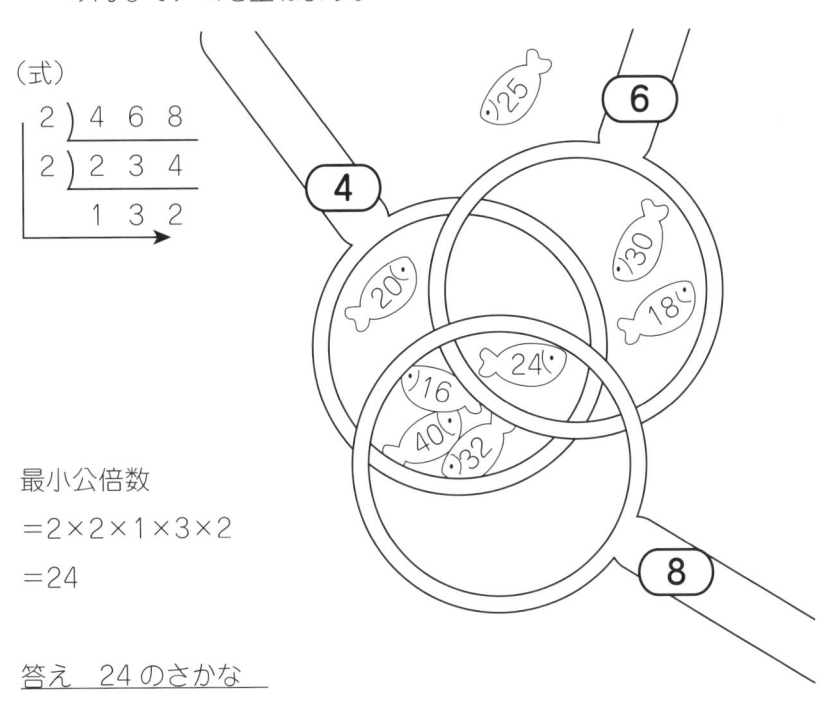

(式)
```
2 ) 4  6  8
2 ) 2  3  4
    1  3  2
```

最小公倍数
＝2×2×1×3×2
＝24

答え　24のさかな

5 素数ってなんだ？

1 素数とは

たとえば、17を2でわると、わりきれないで8余り1となります。17をわりきることができるのは1と17しかありません。このように、1と自分自身の数でしかわりきれない数を素数といいます。ただし、1は素数にはなりません。

例 1～50までの数をかいて、この中から素数を求めてみましょう。

```
 1  ②  ③   4  ⑤   6  ⑦   8   9  10
⑪  12  ⑬  14  15  16  ⑰  18  ⑲  20
21  22  ㉓  24  25  26  27  28  ㉙  30
㉛  32  33  34  35  36  ㊲  38  39  40
㊶  42  ㊸  44  45  46  ㊼  48  49  50
```

したがって、素数は2、3、5、7、11、13、17、19、23、29、31、37、41、43、47の15個になります。

1～100までですと25個あります。

```
51  52  ㊼  54  55  56  57  58  ㊾  60
㊶  62  63  64  65  66  ㊻  68  69  70
㊹  72  ㊃  74  75  76  77  78  ㊼  80
81  82  ㊆  84  85  86  87  88  89  90
㊑  92  93  94  95  96  ㊗  98  99  100
```

2 素因数分解とは

素数の積について、少し説明をくわえておきましょう。

ある数を素数の積に分解することを「素因数分解」といいます。
たとえば、24と36を素数に分解してみましょう。

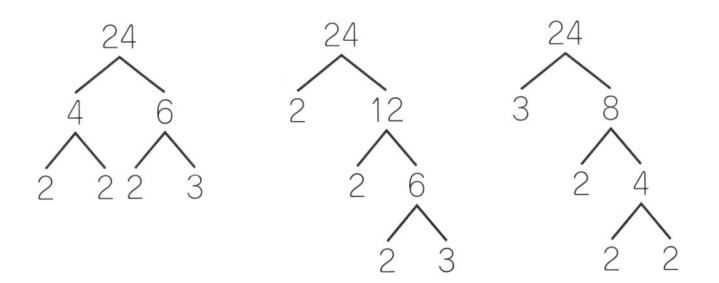

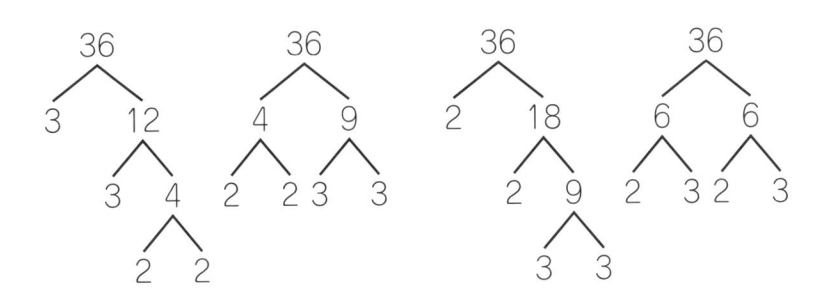

$24 = 2 \times 2 \times 2 \times 3$

$36 = 2 \times 2 \times 3 \times 3$

このように、素数に分解することを素因数分解といい、これにより、いろいろな数の性質がわかっていくのです。

6 分数ってなんだ？

1 分数の意味と種類

> 分数とは、1をいくつかに等分し、それをいくつか集めた数を分母と分子で表したものです。

(1) 分数の意味

　㋐　1÷分母×分子……1÷3×2 = $\frac{2}{3}$

　㋑　分子（等分されたものをいくつか集めた数）

　㋒　分母（いくつかに等分する数）

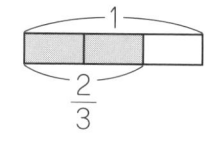

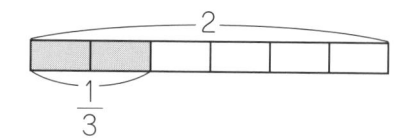

$\frac{2}{3}$ ←分子
　　←分母

分数のよいところ

> 小数で表すことのできない数 $\frac{1}{3}$、$\frac{1}{7}$ などを表すことができる。

たとえば、

$0.11111\cdots = \frac{1}{9}$　　　　$0.14285\cdots = \frac{1}{7}$

$0.22222\cdots = \frac{2}{9}$　　　　$0.33333\cdots = \frac{1}{3}$

$0.55555\cdots = \frac{5}{9}$　　　　$0.16666\cdots = \frac{1}{6}$

このような小数を無限小数といいます。これらの数は小数で表すことができないのですが、分数式では表すことができるのです。
これでわかっていただけたと思います。
分数って便利でしょ！

(2) 分数の種類

㋐ 真分数……分子が分母より小さい分数　　　$\frac{2}{3}$、$\frac{3}{5}$ など

㋑ 仮分数……分子が分母と同じであるか、
　　　　　　または分子が分母より大きい分数　　$\frac{4}{3}$、$\frac{6}{5}$ など

㋒ 帯分数……整数と分数がいっしょの形になって
　　　　　　いる分数　　　　　　　　　　　　$2\frac{1}{3}$、$3\frac{1}{4}$ など

例1　仮分数を帯分数にするには　　$\frac{3}{2}$　→　$\square\frac{\square}{\square}$

$\frac{3}{2}$ で考えると

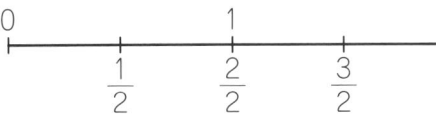

```
0           1
|---|---|---|---|
   1/2  2/2  3/2
```

$\frac{2}{2} = 1$ だから、この中に 1 があって、残りが $\frac{1}{2}$ です。

だから $\frac{3}{2}$ は、$1 + \frac{1}{2} = \frac{2}{2} + \frac{1}{2} = 1\frac{1}{2}$ となります。

例2　帯分数を仮分数にするには　　$1\frac{1}{3}$　→　$\frac{\square}{\square}$

$1\frac{1}{3}$ で考えると、1 は $\frac{3}{3}$、それに $\frac{1}{3}$ をあわせると、

$\frac{3}{3} + \frac{1}{3} = \frac{4}{3}$ となります。

2 分数のたし算とひき算
(1) 異なった分母の分数の計算

$\frac{○}{●} + \frac{□}{■}$　　$\frac{○}{●} - \frac{□}{■}$

> 分数のたし算、ひき算は分母を同じにして計算します。

では、どうすればいいのでしょう。

例　　㋐ $\frac{1}{3} + \frac{1}{4}$　　　　㋑ $\frac{1}{2} - \frac{1}{3}$

分母を通分して、分母を同じ数にそろえる。

まず、2つの分母の数の「最小公倍数」をみつけます。

㋐ $\frac{1}{3} + \frac{1}{4}$ は3と4の「最小公倍数」を求めます。
共通倍数は、3×4＝12〔12〕です。
だから、$\frac{4}{12} + \frac{3}{12} = \frac{7}{12}$　　　　答え $\frac{7}{12}$

㋑ $\frac{1}{2} - \frac{1}{3}$ は2と3の「最小公倍数」を求めます。
共通倍数は2×3＝6〔6〕です。
だから、$\frac{3}{6} - \frac{2}{6} = \frac{1}{6}$　　　　答え $\frac{1}{6}$

(2) 通分とは

> 分母のちがう分数どうしをたし算、ひき算するとき、分母を同じ数にそろえることをいいます。

通分とは「最小公倍数」を求めるので、

㋐　2) 3　4
　　3) 3　2
　　　　1　2　　最小公倍数
　　　　　　　　2×3×1×2＝12

㋑　2) 2　3
　　3) 1　3
　　　　1　1　　最小公倍数
　　　　　　　　2×3×1×1＝6

例 つぎの図から、分数のたし算、ひき算の式をつくり答えましょう。

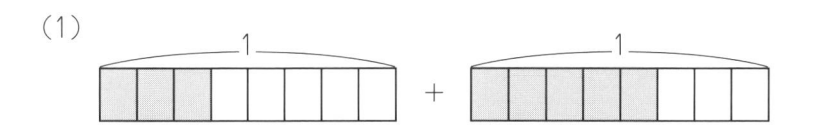

(1)

式 $\dfrac{3}{8} + \dfrac{5}{8} = \dfrac{8}{8} = 1$

答え 1

(2)

式 $\dfrac{2}{3} - \dfrac{1}{2} = \dfrac{4}{6} - \dfrac{3}{6} = \dfrac{1}{6}$

答え $\dfrac{1}{6}$

(3)

式 $1\dfrac{1}{2} + 1\dfrac{1}{4} = (1+1) + \dfrac{1}{2} + \dfrac{1}{4}$
$= 2 + \dfrac{2}{4} + \dfrac{1}{4} = 2\dfrac{3}{4}$

答え $2\dfrac{3}{4}$

(4)

式 $1\dfrac{3}{4} - 1\dfrac{1}{2} = (1-1) + \dfrac{3}{4} - \dfrac{1}{2}$
$= \dfrac{3}{4} - \dfrac{2}{4} = \dfrac{1}{4}$

答え $\dfrac{1}{4}$

鉛筆を手にもってトライ！

問題 1 つぎのたし算をしましょう。

(1) $\dfrac{2}{3} + \dfrac{3}{4}$　　　　(2) $\dfrac{1}{4} + \dfrac{1}{6}$

(3) $\dfrac{2}{7} + \dfrac{3}{8}$　　　　(4) $1\dfrac{5}{8} + 1\dfrac{3}{4}$

問題 2 つぎのひき算をしましょう。

(1) $\dfrac{13}{15} - \dfrac{4}{5}$　　　　(2) $1\dfrac{1}{3} - \dfrac{1}{2}$

(3) $\dfrac{8}{9} - \dfrac{5}{6}$　　　　(4) $\dfrac{7}{18} - \dfrac{2}{36}$

(5) $\dfrac{1}{2} - \left(\dfrac{1}{4} - \dfrac{1}{6}\right)$　　　(6) $1\dfrac{1}{2} - \left(\dfrac{4}{5} - \dfrac{3}{4}\right)$

問題 3 つぎの順でりっぱな花を育てます。スタートからゴールまで、どういった順路で花びらが開いていくでしょうか。（まちがった順ははぶいてください）

㋐ $\dfrac{1}{3} + \dfrac{1}{5}$

㋑ $\dfrac{2}{3} + \dfrac{1}{2}$

㋒ $\dfrac{3}{8} + \dfrac{1}{2}$

㋓ $\dfrac{5}{8} + \dfrac{3}{4}$

㋔ $\dfrac{1}{5} - \dfrac{1}{6}$

㋕ $\dfrac{5}{3} + \dfrac{8}{9}$

㋖ $\dfrac{4}{5} - \dfrac{2}{3}$

㋗ $\dfrac{7}{16} - \dfrac{1}{4}$

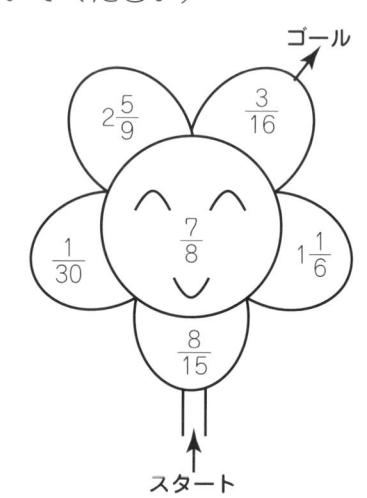

・・・・・・・・・・・・・・・・・・・・・・・・・・・・問題の解説と答え・・・・・・・・・・・・・・・・・・・・・・・・・・・・

問題 1 の答え

(1) $\dfrac{2}{3} + \dfrac{3}{4}$ は分母が異なる分数なので、分母の3と4を通分（最小公倍数）します。

最小公倍数 = 2 × 3 × 1 × 2 = 12

これは3と4の共通分母12となります。

だから、

$$\dfrac{2}{3} + \dfrac{3}{4} = \dfrac{2 \times 4}{12} + \dfrac{3 \times 3}{12} = \dfrac{8}{12} + \dfrac{9}{12}$$

$$= \dfrac{17}{12} = 1\dfrac{5}{12}$$

答え　$1\dfrac{5}{12}$

············問題の解説と答え············

(2) $\dfrac{1}{4} + \dfrac{1}{6} = \dfrac{3}{12} + \dfrac{2}{12} = \dfrac{5}{12}$

答え $\dfrac{5}{12}$

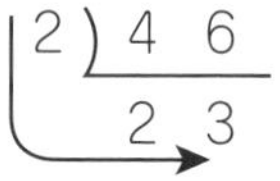

$\begin{array}{r}2\,)\,\underline{4\ \ 6}\\ 2\ \ 3\end{array}$

最小公倍数
2×2×3=12

(3) $\dfrac{2}{7} + \dfrac{3}{8} = \dfrac{16}{56} + \dfrac{21}{56} = \dfrac{37}{56}$

答え $\dfrac{37}{56}$

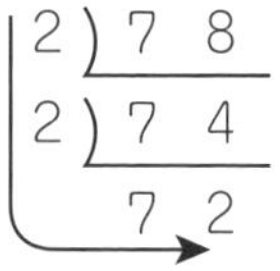

$\begin{array}{r}2\,)\,\underline{7\ \ 8}\\ 2\,)\,\underline{7\ \ 4}\\ 7\ \ 2\end{array}$

最小公倍数
2×2×7×2=56

(4) $1\dfrac{5}{8} + 1\dfrac{3}{4} = 2 + \left(\dfrac{5}{8} + \dfrac{3}{4}\right)$

$= 2 + \left(\dfrac{5}{8} + \dfrac{6}{8}\right) = 2 + 1\dfrac{3}{8} = 3\dfrac{3}{8}$

答え $3\dfrac{3}{8}$

(4)の計算については、整数はそのままにして分母の8と4を通分しますと、8になります。

図では

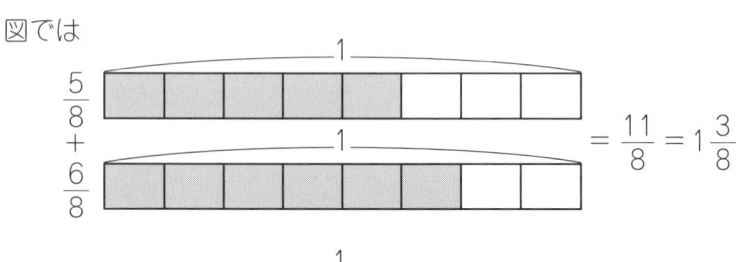

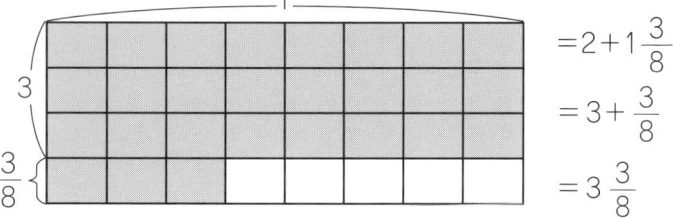

$\dfrac{5}{8} + \dfrac{6}{8} = \dfrac{11}{8} = 1\dfrac{3}{8}$

$= 2 + 1\dfrac{3}{8}$

$= 3 + \dfrac{3}{8}$

$= 3\dfrac{3}{8}$

「数と量」の意味を知って計算に強くなろう

······················問題の解説と答え······················

問題2の答え

(1) $\dfrac{13}{15} - \dfrac{4}{5} = \dfrac{13}{15} - \dfrac{12}{15} = \dfrac{1}{15}$

(2) $1\dfrac{1}{3} - \dfrac{1}{2} = \dfrac{8}{6} - \dfrac{3}{6} = \dfrac{5}{6}$

(3) $\dfrac{8}{9} - \dfrac{5}{6} = \dfrac{16}{18} - \dfrac{15}{18} = \dfrac{1}{18}$

(4) $\dfrac{7}{18} - \dfrac{2}{36} = \dfrac{14-2}{36} = \dfrac{12}{36} = \dfrac{1}{3}$

(5) $\dfrac{1}{2} - \left(\dfrac{1}{4} - \dfrac{1}{6}\right) = \dfrac{6}{12} - \dfrac{3-2}{12} = \dfrac{5}{12}$

(6) $1\dfrac{1}{2} - \left(\dfrac{4}{5} - \dfrac{3}{4}\right) = \dfrac{30}{20} - \dfrac{16-15}{20} = 1\dfrac{9}{20}$

問題3の答え

㋐ $\dfrac{1}{3} + \dfrac{1}{5} = \dfrac{8}{15}$

㋑ $\dfrac{2}{3} + \dfrac{1}{2} = 1\dfrac{1}{6}$

㋒ $\dfrac{3}{8} + \dfrac{1}{2} = \dfrac{7}{8}$

✗ ㋓ $\dfrac{5}{8} + \dfrac{3}{4} = 1\dfrac{3}{8}$

㋔ $\dfrac{1}{5} - \dfrac{1}{6} = \dfrac{1}{30}$

㋕ $\dfrac{5}{3} + \dfrac{8}{9} = 2\dfrac{5}{9}$

✗ ㋖ $\dfrac{4}{5} - \dfrac{2}{3} = \dfrac{2}{15}$

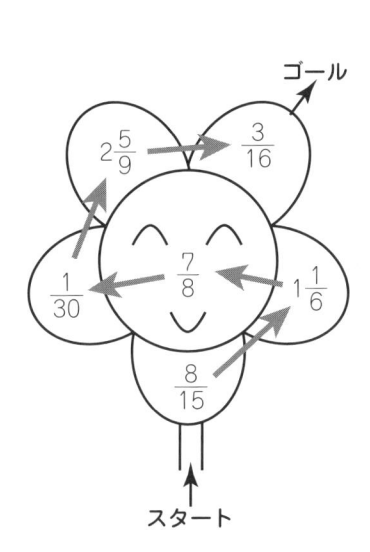

㋗ $\dfrac{7}{16} - \dfrac{1}{4} = \dfrac{3}{16}$

6　分数ってなんだ？

3 分数のかけ算

（分数）×（整数）の計算は $\dfrac{○}{●} × □$

分母はそのままで分子とその整数をかけます。

（分数）×（分数）の計算は $\dfrac{○}{●} × \dfrac{□}{■}$

分母どうし、分子どうしをそれぞれかけます。とちゅうで約分できるときは約分してから計算します。

例1

① $\dfrac{2}{3} × 2 = \dfrac{2×2}{3} = \dfrac{4}{3} = 1\dfrac{1}{3}$ 答え $1\dfrac{1}{3}$

② $\dfrac{1}{2} × \dfrac{2}{3} = \dfrac{1×\cancel{2}^{1}}{\cancel{2}_{1}×3} = \dfrac{1}{3}$ 答え $\dfrac{1}{3}$

③ $1\dfrac{3}{5} × \dfrac{10}{15} = \dfrac{\cancel{8}}{\cancel{5}_{1}} × \dfrac{\cancel{10}^{2}}{15} = \dfrac{16}{15} = 1\dfrac{1}{15}$ 答え $1\dfrac{1}{15}$

例2

① $\dfrac{1}{3} × \dfrac{1}{2} = \dfrac{1×1}{3×2} = \dfrac{1}{6}$ 答え $\dfrac{1}{6}$

$\left.\begin{array}{l}\dfrac{1}{3}\end{array}\right\} \dfrac{1}{3} × \dfrac{1}{2}$
$= \dfrac{1×1}{3×2} = \dfrac{1}{6}$

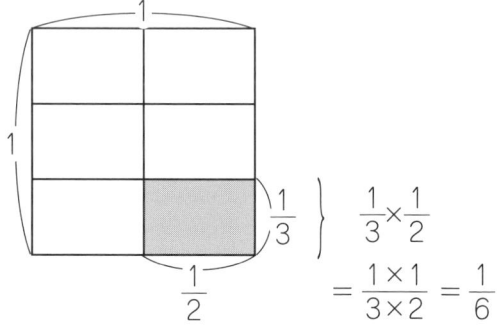

（注）分数の計算は単なる計算ではなく、(たて)×(よこ)で広さ（面積）を表していることを覚えておきましょう。

② $\dfrac{3}{5} \times \dfrac{3}{4} = \dfrac{3 \times 3}{5 \times 4} = \dfrac{9}{20}$ 答え $\dfrac{9}{20}$

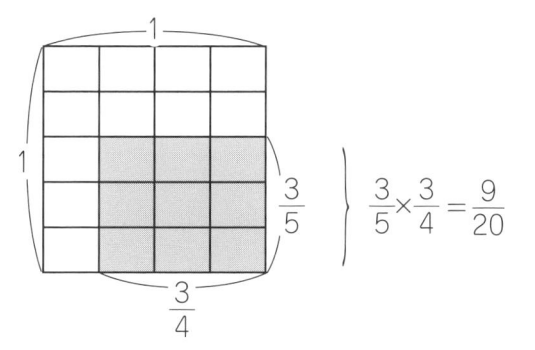

$\dfrac{3}{5} \times \dfrac{3}{4} = \dfrac{9}{20}$

③ $\dfrac{5}{4} \times \dfrac{7}{3} = \dfrac{5 \times 7}{4 \times 3} = \dfrac{35}{12} = 2\dfrac{11}{12}$ 答え $2\dfrac{11}{12}$

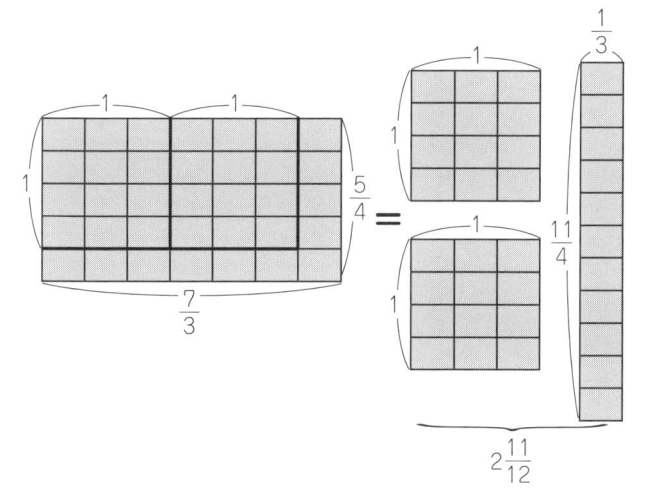

例3 1mで$\dfrac{7}{6}$kgの棒(ぼう)があります。$\dfrac{36}{15}$mでは何kgになるでしょうか。

（式） $\dfrac{7}{6} \times \dfrac{36}{15} = \dfrac{7}{\cancel{6}_1} \times \dfrac{\cancel{36}^{\,6\,2}}{\cancel{15}_{\,5}} = \dfrac{7}{1} \times \dfrac{2}{5} = \dfrac{14}{5} = 2\dfrac{4}{5}$

答え $2\dfrac{4}{5}$ kg

6 分数ってなんだ？

問題 1　つぎのかけ算をしましょう。

(1) 図をみて式をたてて計算しよう。　■の部分です。

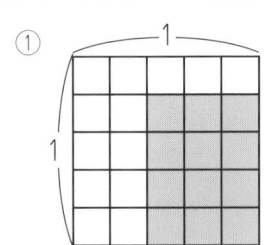

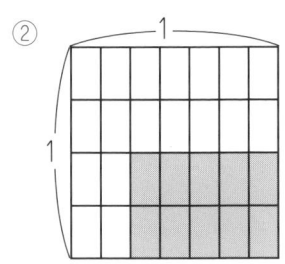

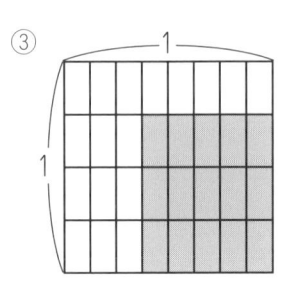

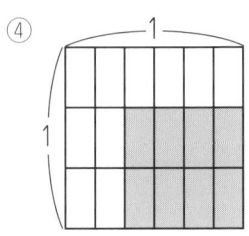

① ② ③ ④

(2) 式の計算をしよう。

① $\dfrac{8}{7} \times \dfrac{3}{2}$

② $\dfrac{9}{4} \times 3\dfrac{2}{3}$

③ $2\dfrac{5}{6} \times 1\dfrac{1}{2}$

④ $1\dfrac{1}{8} \times 1\dfrac{7}{9}$

問題 2　つぎの問題をしましょう。

たて $2\dfrac{6}{13}$ m、よこ $1\dfrac{4}{7}$ m の長方形の面積は何 m でしょう。

········問題の解説と答え········

問題 1 の答え

(1) ① 式 $\dfrac{3}{5} \times \dfrac{4}{5} = \dfrac{12}{25}$　　② 式 $\dfrac{5}{7} \times \dfrac{\cancel{2}^1}{\cancel{4}_2} = \dfrac{5}{14}$

③ 式 $\dfrac{5}{8} \times \dfrac{3}{4} = \dfrac{15}{32}$　　④ 式 $\dfrac{4}{\cancel{6}_3} \times \dfrac{\cancel{2}^1}{3} = \dfrac{4}{9}$

(2) ① $\dfrac{8}{7} \times \dfrac{3}{2} = \dfrac{24}{14} = 1\dfrac{\cancel{10}^5}{\cancel{14}_7} = 1\dfrac{5}{7}$

② $\dfrac{9}{4} \times 3\dfrac{2}{3} = \dfrac{\cancel{9}^3}{4} \times \dfrac{11}{\cancel{3}_1} = \dfrac{33}{4} = 8\dfrac{1}{4}$

③ $2\dfrac{5}{6} \times 1\dfrac{1}{2} = \dfrac{17}{\cancel{6}_2} \times \dfrac{\cancel{3}^1}{2} = \dfrac{17}{4} = 4\dfrac{1}{4}$

④ $1\dfrac{1}{8} \times 1\dfrac{7}{9} = \dfrac{\cancel{9}^1}{\cancel{8}_1} \times \dfrac{\cancel{16}^2}{\cancel{9}_1} = \dfrac{2}{1} = 2$

問題 2 の答え

$2\dfrac{6}{13} \times 1\dfrac{4}{7}$

$= \dfrac{32}{13} \times \dfrac{11}{7}$

$= \dfrac{352}{91}$

$= 3\dfrac{79}{91}$

答え　$3\dfrac{79}{91}$ m²

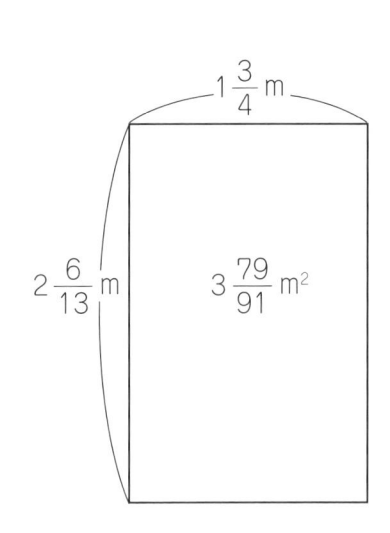

（図：縦 $2\dfrac{6}{13}$ m、横 $1\dfrac{3}{4}$ m、面積 $3\dfrac{79}{91}$ m² の長方形）

4 分数のわり算
「わる数をひっくり返してかけ算にする」

（分数）÷（整数）の計算は　　　　　　　　　$\dfrac{\bigcirc}{\bullet} \div \square$

> 分数はそのままで、整数をひっくり返して記号を×にしてかけます。

（整数）÷（分数）の計算は　　　　　　　　　$\square \div \dfrac{\bigcirc}{\bullet}$

> 整数をそのままにして、分数をひっくり返して記号を×にしてかけます。

（分数）÷（分数）の計算は　　　　　　　　　$\dfrac{\bigcirc}{\bullet} \div \dfrac{\square}{\blacksquare}$

> わるほうの分数をひっくり返して記号を×にしてかけます。途中で約分できるときは約分して計算します。

例1
① $\dfrac{1}{2} \div 3 = \dfrac{1}{2} \times \dfrac{1}{3} = \dfrac{1}{6}$

② $3 \div \dfrac{1}{2} = 3 \times \dfrac{2}{1} = \dfrac{6}{1} = 6$

③ $\dfrac{1}{2} \div \dfrac{1}{3} = \dfrac{1}{2} \times \dfrac{3}{1} = \dfrac{3}{2} = 1\dfrac{1}{2}$

（注）わり算のときは、わる数をひっくり返して記号を×にして計算します。（わり算はかけ算にしなおして計算します）

$\dfrac{\bigcirc}{\bullet} \div \dfrac{\square}{\blacksquare} \rightarrow \dfrac{\bigcirc}{\bullet} \times \dfrac{\blacksquare}{\square}$

例2 わり算式は、わる整数または分数をひっくり返してかけ算式にします。図で表してみましょう。

(1) $\dfrac{1}{3} \div \dfrac{1}{2} = \dfrac{1}{3} \times \dfrac{2}{1}$
$= \dfrac{1}{3} \times 2$
$= \dfrac{2}{3}$

(2) $\dfrac{7}{4} \div \dfrac{5}{6} = \dfrac{7}{4} \times \dfrac{6}{5} = \boxed{\dfrac{7}{2} \times \dfrac{3}{5}} = \dfrac{21}{10} = 2\dfrac{1}{10}$

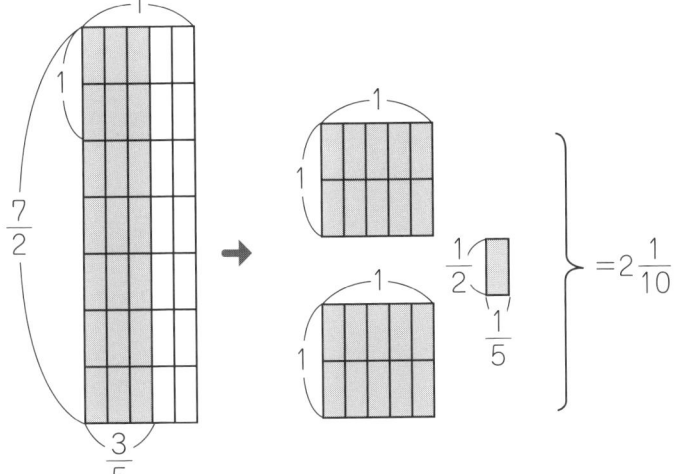

このように、結果的にはかけ算と同じように計算します。

例3 「分数のわり算は逆数をかける」

これまでと同じことをいっています。「逆数」というのは「ひっくり返す」ということなのです。

「$\frac{2}{3} \div \frac{1}{2}$」は、なぜわる分数の分母と分子をひっくり返してかけ算するのか、という疑問です。もう一度、説明してみましょう。

整数2、3を分数の形にかえると、

$$2 \to \frac{2}{1}、\quad 3 \to \frac{3}{1} \quad （仮分数）$$

つまり $2 = \frac{2}{1}$、$3 = \frac{3}{1}$ です。

ですから、$2 \div 3 = \frac{2}{1} \div \frac{3}{1}$ となります。

結局、$2 \div 3 = \frac{2}{1} \div \frac{3}{1}$ ひっくり返して（逆数）

$$= \frac{2}{1} \times \frac{1}{3} = \frac{2}{3}$$

※ 「2 わる 3」は整数で「$2 \div 3$」、分数で「$\frac{2}{3}$」とかきます。

鉛筆を手にもってトライ！

問題 1

(1) つぎの図をみて式をたてて計算しよう。　　　の部分です。

① 式

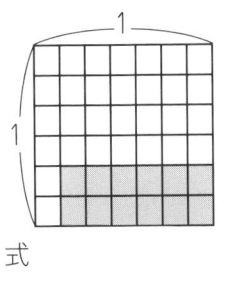

② 式

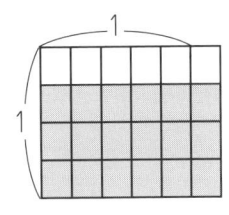

③ 式

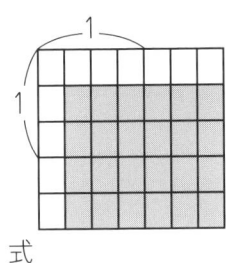

④ 式

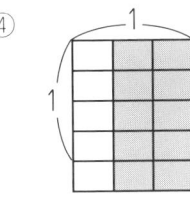

(2) つぎの計算をしよう。

① $\dfrac{2}{5} \div \dfrac{3}{2}$

② $\dfrac{9}{10} \div \dfrac{4}{5}$

③ $\dfrac{5}{4} \div \dfrac{3}{7}$

④ $\dfrac{7}{13} \div \dfrac{15}{4}$

鉛筆を手にもってトライ！

問題2

(1) つぎの計算をしましょう。

① $\dfrac{2}{3} \times \dfrac{4}{5} \div \dfrac{1}{2}$

② $2\dfrac{3}{4} \div 1\dfrac{2}{3} \times \dfrac{1}{5}$

(2) つぎの問題をしましょう。

① A君はマラソン競争で13kmを$\dfrac{7}{13}$時間かかりました。それでは、8km走るのにはどれだけの時間がかかるでしょう。

式

答え

② $\dfrac{3}{5}$L（リットル）の油の重さは$\dfrac{5}{6}$kgありました。$\dfrac{3}{4}$L（リットル）では何kgでしょう。

式

答え

······················問題の解説と答え······················

問題 1 の答え

(1) ① 式 $\dfrac{2}{\cancel{8}_4} \times \dfrac{\cancel{6}^1}{7} = \dfrac{2}{7}$ ② 式 $\dfrac{3}{\cancel{4}_2} \times \dfrac{\cancel{6}^3}{5} = \dfrac{9}{10}$

③ 式 $\dfrac{\cancel{4}^1}{\cancel{3}_1} \times \dfrac{\cancel{6}^2}{\cancel{4}_1} = 2$ ④ 式 $\dfrac{5}{\cancel{4}_2} \times \dfrac{\cancel{2}^1}{3} = \dfrac{5}{6}$

(2) ① $\dfrac{2}{5} \div \dfrac{3}{2} = \dfrac{2}{5} \times \dfrac{2}{3} = \dfrac{4}{15}$

② $\dfrac{9}{10} \div \dfrac{4}{5} = \dfrac{9}{\cancel{10}_2} \times \dfrac{\cancel{5}^1}{4} = \dfrac{9}{8} = 1\dfrac{1}{8}$

③ $\dfrac{5}{4} \div \dfrac{3}{7} = \dfrac{5}{4} \times \dfrac{7}{3} = \dfrac{35}{12} = 2\dfrac{11}{12}$

④ $\dfrac{7}{13} \div \dfrac{15}{4} = \dfrac{7}{13} \times \dfrac{4}{15} = \dfrac{28}{195}$

問題 2 の答え

(1) ① $\dfrac{2}{3} \times \dfrac{4}{5} \div \dfrac{1}{2} = \dfrac{2}{3} \times \dfrac{4}{5} \times \dfrac{2}{1} = \dfrac{16}{15} = 1\dfrac{1}{15}$

② $2\dfrac{3}{4} \div 1\dfrac{2}{3} \times \dfrac{1}{5} = \dfrac{11}{4} \times \dfrac{3}{5} \times \dfrac{1}{5} = \dfrac{33}{100}$

(2) 比例式で計算します。

① 13km を $\dfrac{10}{3}$ 時間 → 8km なら何時間

$13 : \dfrac{10}{3} = 8 : x$ $13 \times x = \dfrac{10}{3} \times 8$

$x = \dfrac{80}{3} \times \dfrac{1}{13} = \dfrac{80}{39} = 2\dfrac{2}{39}$ 答え $2\dfrac{2}{39}$ 時間

② $\dfrac{3}{5}$ L で $\dfrac{5}{6}$ kg → $\dfrac{3}{4}$ L なら何 kg

$\dfrac{3}{5} : \dfrac{5}{6} = \dfrac{3}{4} : x$ $\dfrac{3}{5} \times x = \dfrac{5}{6} \times \dfrac{3}{4}$

$x = \dfrac{\cancel{15}^5}{24} \times \dfrac{5}{\cancel{3}_1} = \dfrac{25}{24} = 1\dfrac{1}{24}$ 答え $1\dfrac{1}{24}$ kg

7 もう一度、小数、分数ってなんだ？

小数と分数は整数の「はんぱ」のまとめ役

> 小数は、10、100、1000……を分母とする特別な分数を、小数点を使った小数として表すこともできます。

例1

$\frac{2}{100}$ は $\frac{1}{100}$ を2個集めたもので、$\frac{1}{100} = 0.01$ ですから $\frac{2}{100} = 0.02$ となります。

分数は小数では表せない場合に使います。

$0.3333\cdots = \frac{1}{3}$ として表せます。また、$0.090909\cdots = \frac{1}{15}$ のように商をくり返す小数も分数が使われ、これらの小数は「循環小数」といわれます。このくり返す数字の上に「・」をつけて表す場合もあります。

$$0.3333\cdots \rightarrow 0.\dot{3} \qquad 0.090909\cdots \rightarrow 0.\dot{0}\dot{9}$$

いずれにしても、ふつうは小数で表せないときは分数で表します。小数、分数は整数の「はんぱ」のまとめ役として使われています。

小数は、分母と分子に整数を使った分数として使われます。

$$0.3 = \frac{3}{10} \qquad\qquad 0.5 = \frac{5}{10} = \frac{1}{2}$$

$$0.7 = \frac{7}{10} \qquad\qquad 0.65 = \frac{65}{100} = \frac{13}{20}$$

例2 つぎの数直線をみて、①②③にあう数を考えましょう。

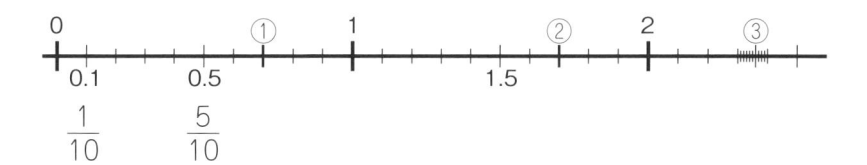

```
0       ①      1         ②   2    ③
├──┼──┼──┼──┼──┼──┼──┼──┼──┼──┤
  0.1  0.5              1.5
  1/10  5/10
```

(1) ①は小数で表すと「0.7」、分数で表すと「$\frac{7}{10}$」。

　　②は小数で表すと「1.7」、分数で表すと「$1\frac{7}{10}$」。

分数を小数になおすには、分子を分母でわります。
　　$\frac{7}{10} = 0.7$　　$1\frac{7}{10} = 1.7$
小数と分数の関係は数直線をみるとはっきりわかります。

(2) ③の「2.36」について考えてみましょう。

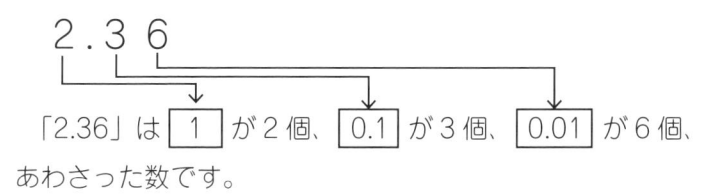

$$2.36$$

「2.36」は　1　が2個、　0.1　が3個、　0.01　が6個、あわさった数です。

　分数で表すと、1が2個と、$\frac{1}{10}$が3個、$\frac{1}{100}$が6個で、$2\frac{36}{100}$、つまり、$2\frac{36}{100} = 2\frac{9}{25}$になります。
　この数の$\frac{1}{10}$は「0.236」になります。

7　もう一度、小数、分数ってなんだ？

鉛筆を手にもってトライ！

問題

(1) つぎの数直線からなる分数を小数になおしましょう。

$\frac{2}{10}$　$\frac{1}{2}$　$\frac{6}{5}$

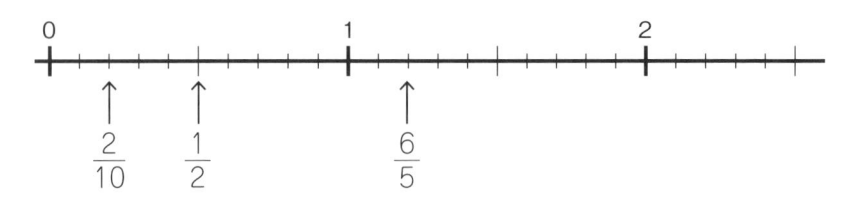

(2) つぎの分数を小数になおしましょう。

① $\frac{1}{4}$　　② $\frac{3}{5}$

③ $\frac{7}{8}$　　④ $\frac{3}{8}$

(3) つぎの分数を小数になおして、その答えの順に直線をむすんで動物をつくりましょう。

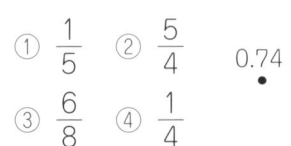

① $\frac{1}{5}$　② $\frac{5}{4}$

③ $\frac{6}{8}$　④ $\frac{1}{4}$

⑤ $\frac{3}{5}$　⑥ $\frac{4}{5}$

⑦ $\frac{7}{8}$　⑧ $\frac{2}{5}$

⑨ $\frac{1}{8}$

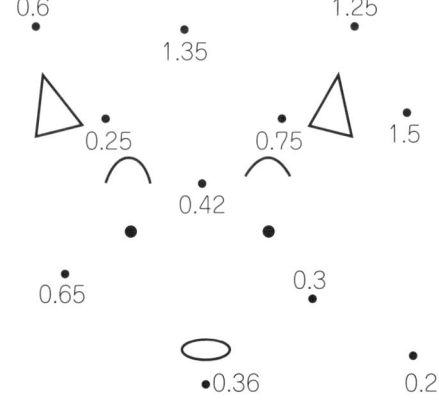

············問題の解説と答え············

問題の答え

(1) $\dfrac{2}{10} = 0.2$　　$\dfrac{1}{2} = 0.5$　　$\dfrac{6}{5} = 1.2$

(2) ① $\dfrac{1}{4} = 0.25$　　② $\dfrac{3}{5} = 0.6$

　　③ $\dfrac{7}{8} = 0.875$　　④ $\dfrac{3}{8} = 0.375$

(3)
① $\dfrac{1}{5} = 0.2$　② $\dfrac{5}{4} = 1.25$　③ $\dfrac{6}{8} = 0.75$

④ $\dfrac{1}{4} = 0.25$　⑤ $\dfrac{3}{5} = 0.6$　⑥ $\dfrac{4}{5} = 0.8$

⑦ $\dfrac{7}{8} = 0.875$　⑧ $\dfrac{2}{5} = 0.4$　⑨ $\dfrac{1}{8} = 0.125$

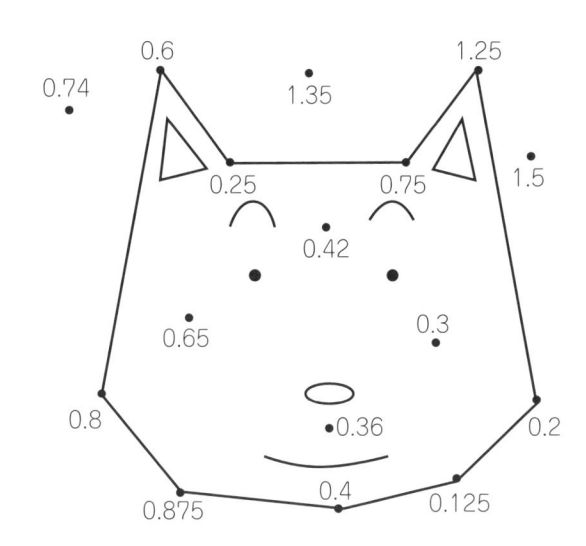

7　もう一度、小数、分数ってなんだ？

8 (−)×(−)は、なぜ（＋）になるのか？

① 式を展開するときの「3つの法則」

> この「3つの法則」とは、「交換法則」「分配法則」「結合法則」のことをいいます。

この「3つの法則」について説明しましょう。

3つの数を a、b、c とすると、つぎのようになります。

(1) 交換法則（a と b より）
① $a + b = a + b$
② $a \times b = b \times a$

(2) 分配法則（a、b、c より）
① $a \times (b + c) = a \times b + a \times c$
② $(a + b) \times c = a \times c + b \times c$

①の＋を−にすると、$a \times (b-c) = a \times c - b \times c$ と同じです。

(3) 結合法則（a、b、c より）
① $(a + b) + c = a + (b + c)$
② $(a \times b) \times c = a \times (b \times c)$

以上ですが、すでにこの「3つの法則」は、本書のこれまでの式の計算でやってきたことです。

2　具体的な数字で考える

$$6 + 2 = 8$$
$$2(3 + 1) = 8 \quad \text{←両辺に（−）をつけても同じ。}$$
$$-2(3 + 1) = -8$$
$$+8 - 2(3 + 1) = 0 \quad \text{←移項。}$$
$$+8 - 6 - 2 = 0$$
$$+8 - 8 = 0 \quad \text{←最後は0となります。}$$

3　＋、−の記号に目をつける

「(−)×(−)」はなぜ（＋）になるか、いままで覚えてきた式から完成させましょう。

(1)　整数で説明してみましょう。

$$-2(3 - 1) = -4$$
$$(-2) \times (+3) + (-2) \times (-1) = -4$$
$$-6 + (-2) \times (-1) = -4$$
$$(-2) \times (-1) = -4 + 6$$
$$(-2) \times (-1) = +2$$

ここより記号に目をつけます。

　(−)×(−)＝(＋)

になることがわかります。

⑧　(−)×(−)は、なぜ（＋）になるのか？

(2) 分数で説明してみましょう。

　　＋、－の記号の動きをよく覚えておきましょう。

$1 = \dfrac{1}{1}$　これに記号をつけます。

$-1 = -\dfrac{1}{1} = \dfrac{-1}{1} = \dfrac{1}{-1}$ ……… ①

$\dfrac{1}{2}$ についても同じように記号をつけてみましょう。

$-\dfrac{1}{2} = \dfrac{1}{-2} = \dfrac{-1}{2}$ ……………… ②

①の式を移項してみると（たすきかけ）

$\dfrac{-1}{1} \diagtimes \dfrac{1}{-1}$ → $(-1) \times (-1) = 1 \times 1$ …… ③

③より、$(-1) \times (-1) = 1$ であることがわかります。

②についても、このように考えられます。

$\dfrac{1}{2} = \dfrac{+1}{+2} = \dfrac{-1}{-2}$ ……………… ④

②の式を移項してみると、

$-\dfrac{1}{2} \diagtimes \dfrac{1}{-2}$ → $1 \times 2 = (-1) \times (-2) = 2$ …… ⑤

④の式を移項してみると、

$\dfrac{+1}{+2} \diagtimes \dfrac{-1}{-2}$ → $(+1) \times (-2) = (-1) \times (+2)$ …… ⑥

⑥は、－2＝－2となり、両辺に－をかけると、2＝2となります。

9 たし算・ひき算・かけ算・わり算の まじった式の計算

計算の順番

式の計算は左から順に計算しますが、たし算・ひき算・かけ算・わり算のまじった式では、かけ算・わり算を先に計算してから、左から順に計算します。

例1

$$100-25\times 3+10\div 5$$

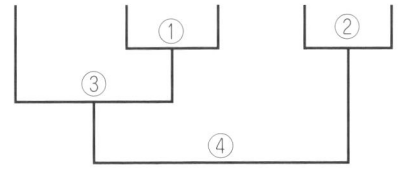

① $25\times 3=75$
② $10\div 5=2$
③ $100-75=25$
④ $25+2=27$

したがって、
$100-25\times 3+10\div 5=27$

答え　27

例2　（　）のある式は、（　）の中を先に計算します。

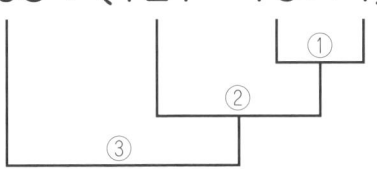

$$108+(121-16\times 4)$$

① $16\times 4=64$
② $121-64=57$
③ $108+57=165$

したがって、
$108+(121-16\times 4)=165$

答え　165

鉛筆を手にもってトライ！

問題 1

(1) つぎの計算をしましょう。

① 5 × 6 ÷ 3 + 5 ×（6 − 2）

② 8 + 12 ÷（15 − 12）× 2 − 7

③ 106 +（125 − 16 × 3）

④ 208 ÷（50 − 4 × 6）

⑤ 250 ×（3 + 8 ÷ 4）

⑥ 120 ÷（25 ÷ 5 × 4）

(2) つぎの式の ☐ の中にあてはまる数を入れましょう。

① 46 − 27 + ☐ = 34

② 27 × ☐ − 85 = 104

③ ☐ ÷ 5 − 7 = 16

④ (☐ + 6) ÷ 3 + 4 × 2 = 15

問題 2

(1) 850 円のふで箱を 1 つと、1 ダース 760 円のえんぴつを半ダース買いました。代金はいくらでしょう。（1 ダース＝ 12）

(2) 1 個 105 円のけしゴムを 3 個と、230 円の三角定規 1 組を買いました。代金はいくらでしょう。

鉛筆を手にもってトライ！

問題3

3の数字が4つからなる式に、＋、－、×、÷などの記号を使って、1から10まで完成式をつくりましょう。

（例）　0＝3×3－3×3

1 ＝ 3 □ 3 □ 3 □ 3

2 ＝ 3 □ 3 □ 3 □ 3

3 ＝ 3 □ 3 □ 3 □ 3

5 ＝ 3 □ 3 □ 3 □ 3

6 ＝ 3 □ 3 □ 3 □ 3

7 ＝ 3 □ 3 □ 3 □ 3

8 ＝ 3 □ 3 □ 3 □ 3

9 ＝ 3 □ 3 □ 3 □ 3

10 ＝ 3 □ 3 □ 3 □ 3

9　たし算・ひき算・かけ算・わり算のまじった式の計算

問題の解説と答え

問題1の答え

(1) ① $5×6÷3+5×(6-2)=30$
　　② $8+12÷(15-12)×2-7=9$
　　③ $106+(125-16×3)=183$
　　④ $208÷(50-4×6)=8$
　　⑤ $250×(3+8÷4)=1250$
　　⑥ $120÷(25÷5×4)=6$

(2) ① $46 - 27 + \boxed{15} = 34$
　　② $27 × \boxed{7} - 85 = 104$
　　③ $\boxed{115} ÷ 5 - 7 = 16$
　　④ $(\boxed{15} + 6) ÷ 3 + 4 × 2 = 15$

問題2の答え

(1)　$850 × 1 + \dfrac{6}{12} × 760 = 1230$　　　答え　1230 円

(2)　$105 × 3 + 230 × 1 = 545$　　　答え　545 円

問題3の答え

$1 = 3 \boxed{÷} 3 \boxed{+} 3 \boxed{-} 3$

$2 = 3 \boxed{÷} 3 \boxed{+} 3 \boxed{÷} 3$

$3 = 3 \boxed{×} 3 \boxed{-} 3 \boxed{-} 3$

$5 = 3 \boxed{+} 3 \boxed{-} 3 \boxed{÷} 3$

$6 = 3 \boxed{×} 3 \boxed{÷} 3 \boxed{+} 3$

$7 = 3 \boxed{+} 3 \boxed{+} 3 \boxed{÷} 3$

$8 = 3 \boxed{×} 3 \boxed{-} 3 \boxed{÷} 3$

$9 = 3 \boxed{×} 3 \boxed{+} 3 \boxed{-} 3$

$10 = 3 \boxed{×} 3 \boxed{+} 3 \boxed{÷} 3$

ステップ 2

図形の世界

さまざまな図形の意味と面積・体積

1 平面図形の種類と特徴

長方形と正方形

　直角って、わたしたちが使っている三角定規の一番大きな角のことをいいます。

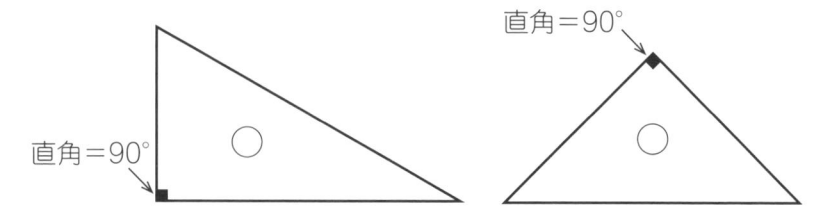

直角＝90°

直角＝90°

　それぞれの定規を2枚合わせると、つぎのような形になります。

右の図①のように、4つの角がすべて直角で、向き合う辺の長さが同じ四角形を「長方形」といいます。

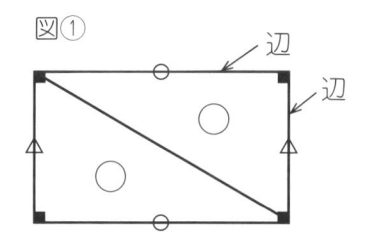

図①
辺
辺

右の図②のように、4つの角がすべて直角で、4つの辺の長さが同じ四角形を「正方形」といいます。

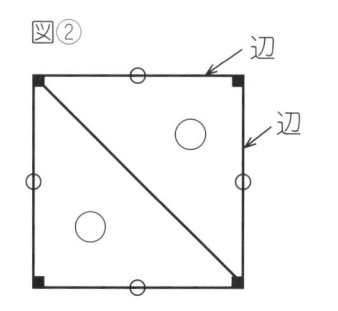

図②
辺
辺

例1

つぎの図は正方形と長方形です。それぞれに点線が入っています。この線で折り曲げると、どんな形が何個できるでしょうか。

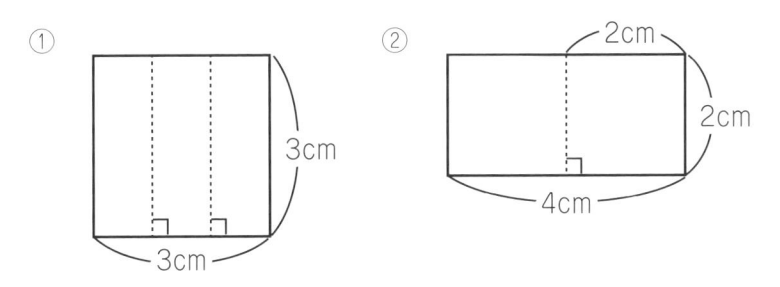

① 3cm × 3cm の正方形（点線2本で3分割）
② 4cm × 2cm の長方形（点線1本、上部2cm、右側2cm）

答え　①　長方形が3個　　②　正方形が2個

上の図では、直角が4つあること、4つの辺の長さが同じか、向き合う辺の長さが同じかです。

例2

右の図のように、長方形 ACEG の中にひし形 BDFH があります。

角 BHF ＝ $x°$ の大きさはいくらでしょうか。

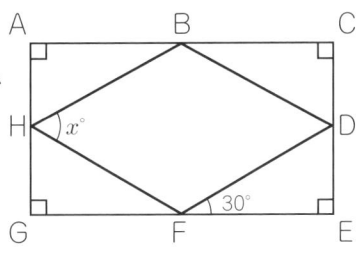

（式）　三角形 DEF は直角三角形
　　　　角 DFE ＝ 30°
　　　　三角形の3つの角の和 ＝ 180°
　　　なので、角 FDE ＝ 60°
　　　D 点は辺 CE の中心点なので、三角形 BCD ＝三角形 DEF
　　　$x° = 180° - 2 \times 60° = 60°$

答え　60°

鉛筆を手にもってトライ！

問題

(1) 右の図をみて、正方形、長方形それぞれいくつあるでしょうか。

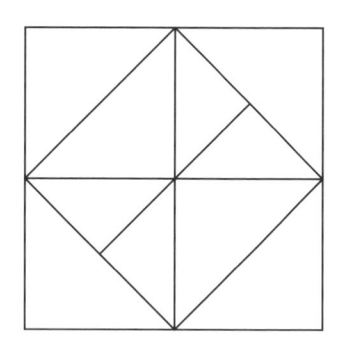

(2) ひし形と平行四辺形の辺と対角線との関係について、どこが、どうちがうのか、比べながら考えましょう。

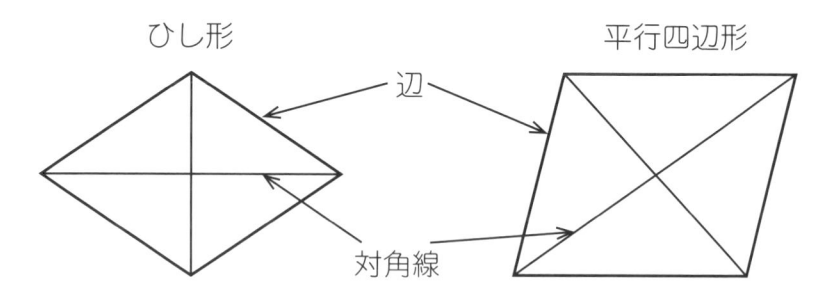

ひし形　　　　　　　　平行四辺形
辺
対角線

(3) ①②③の3枚からなっている正方形があります。その3枚の組み合わせで、長方形、平行四辺形、台形をつくってみましょう。

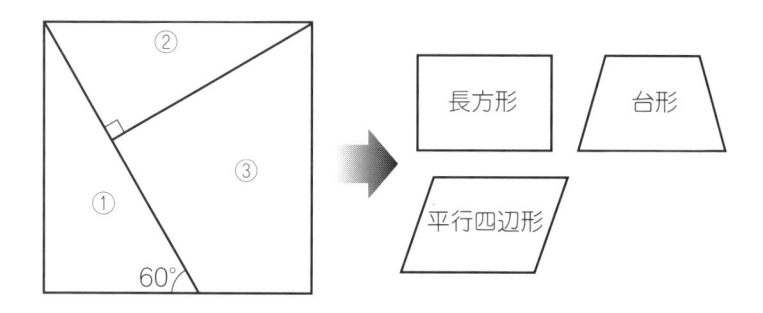

長方形　　台形

平行四辺形

············問題の答えと解説············

問題の答え

(1)

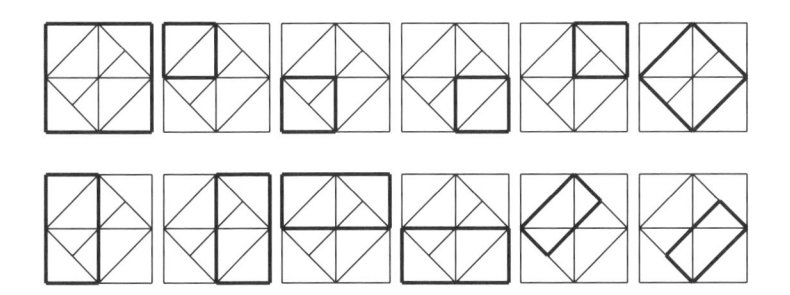

答え　正方形6個、長方形6個

(2)

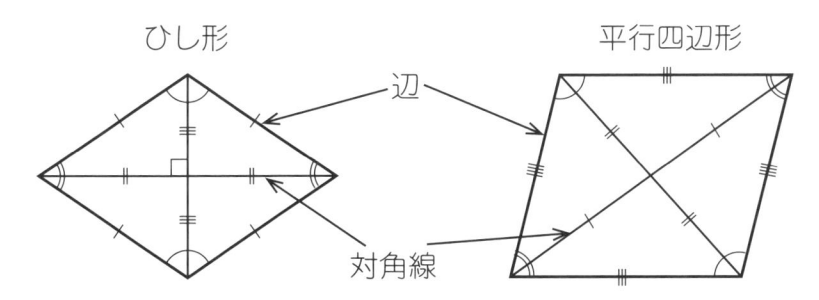

ひし形　　　　　　　　平行四辺形
　　　　　　辺
　　　　対角線

ひし形と平行四辺形の同じところ

・向き合う2辺が平行で、長さが等しい。

・向き合う角の大きさが等しい。

・2本の対角線はそれぞれの中点で交わる。

ひし形が特別なところ（ひし形は平行四辺形のひとつ）

・2本の対角線が垂直に交わる。

・4辺の長さが等しい。

..................問題の答えと解説..................

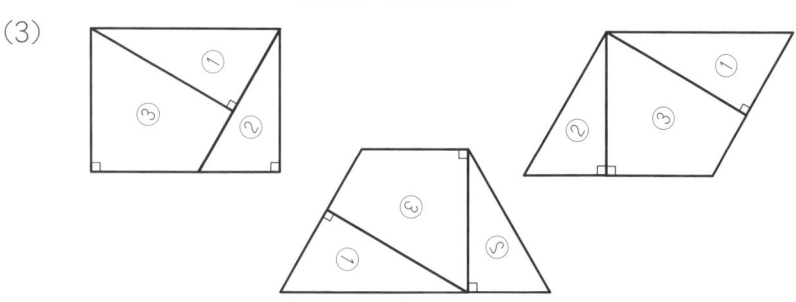

(3)

(3) の応用

　いまから2500年以上昔、古代ギリシャの数学者であるピタゴラスが考え出したといわれる直角三角形の法則があります。「ピタゴラスの定理」と呼ばれるもので、「直角三角形の斜辺の長さをc、そのほかの2辺の長さをa、bとすると、$a^2+b^2=c^2$($a×a+b×b=c×c$)の関係がなりたつ」というものです。これは中学3年で習うもので「三平方の定理」ともいわれています。

　なんだか、いきなりむずかしい法則がでてきましたが、でも、この(3)のブロック(はめ込み形パズル方法)でやれば、中学生でなくても、小学生でもかんたんに理解することができます。

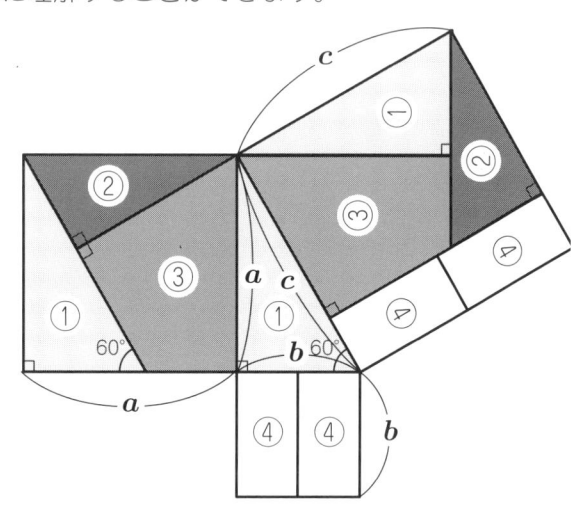

2 四角形・三角形・円の面積

1 四角形の面積

四角形の面積の求め方の基本は、長方形（正方形）の面積の求め方になります。それは、

> 長方形の面積＝よこ×たて（高さ）

でした。

さて、これを基本にいくつかの四角形の面積を考えてみましょう。

(1) 平行四辺形の面積

右の図の平行四辺形 ABCE は、その右の三角形 BCD を左にうつすと長方形 ABDF になります。

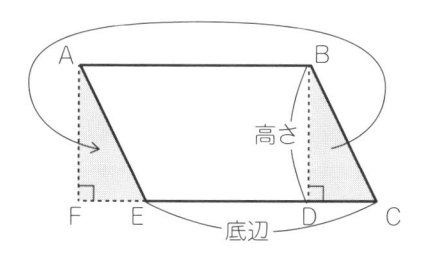

> 平行四辺形の面積＝長方形の面積＝（底辺）×（高さ）

(2) 台形の面積

右の図をみると、同じ台形が2つ組み合わされて平行四辺形をつくっていることがわかります。ですから、その平行四辺形の半分が台形の面積になります。

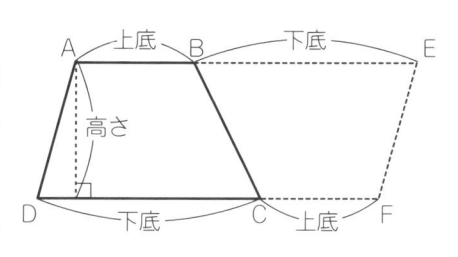

> 台形の面積＝（上底＋下底）×高さ÷2

(3) ひし形の面積

右の図はひし形 ABCD で、外側は長方形 EFGH に接しています。図からひし形 ABCD の面積は長方形 EFGH の面積の半分になることがわかります。

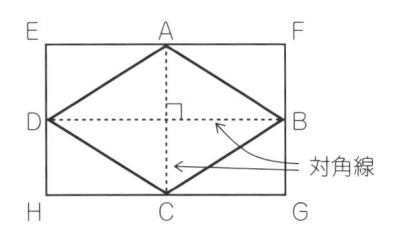

> ひし形の面積＝（対角線）×（対角線）÷2

2 三角形の面積

右の図の三角形 ABC は、辺 BC を底辺、A から BC に垂直にひいた直線（垂直線）AF を高さとします。

図から「三角形 ABC ＝三角形 ABF の面積＋三角形 ACF の面積」の2倍が、長方形 BCDE の面積と等しくなりますので、三角形の面積はつぎのようになります。

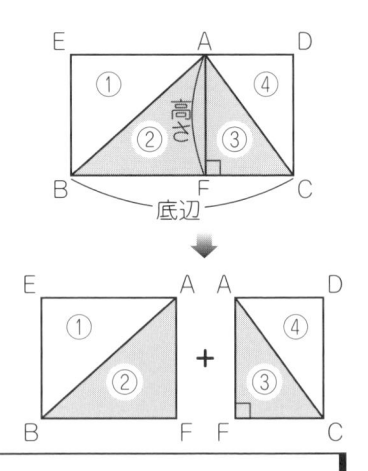

> 三角形の面積＝底辺×高さ÷2

例

つぎの図の三角形の面積はいくらになるでしょうか。

$10 \times 6 \div 2$
$= 60 \div 2 = 30$

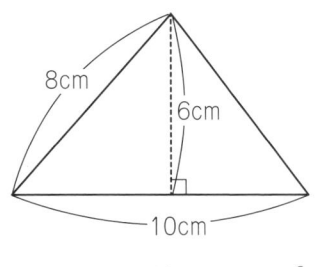

答え　30cm^2

3 円の面積

下の図のように、円を小さな三角形に分けて、それらが全部集まった形を考えます。

たとえば、円を8等分したときを考えます。せんすのようなおうぎ形をしたものが8つできます。これを半分ずつよこに並べて上下から組み合わせます。平行四辺形のようなものができあがりますが、まだ面積を求めるには、おうぎ形の面積がわかりません。

つぎに、16等分して同じように並べてみます。おうぎ形が三角形に近づきました。

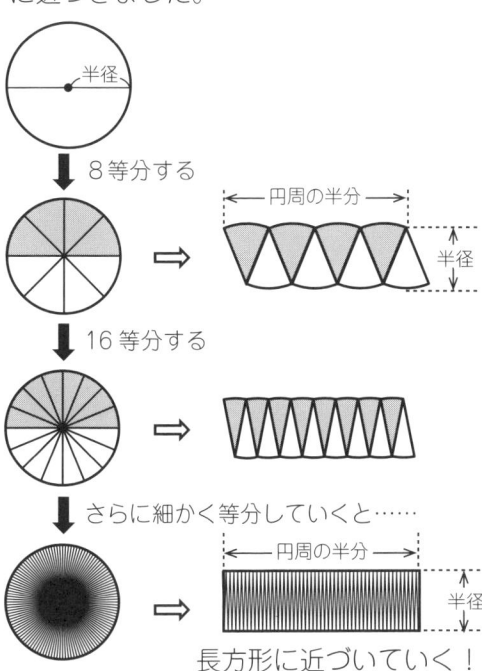

さらに円をどんどん等分していくと、小さな三角形の組み合わせになり、全体では1つの長方形になります。

この長方形の面積は、

　円周の半分×半径

です。円周はつぎの式で求められます。

　円周＝直径×円周率
　　　＝半径×2×3.14

これで、この長方形の面積は、「半径×半径×3.14」になります。

ここで「**円周率＝3.14**」をしっかり覚えておきましょう。

つまり、円の面積はこの長方形の面積に等しくなるのです。

円の面積＝半径×半径×3.14

鉛筆を手にもってトライ！

問題 1

(1) つぎの面積を求めましょう。

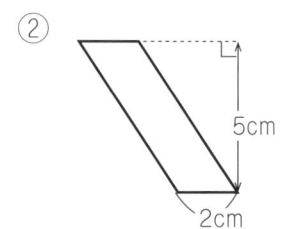

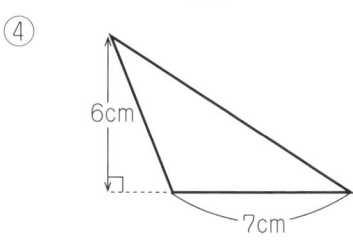

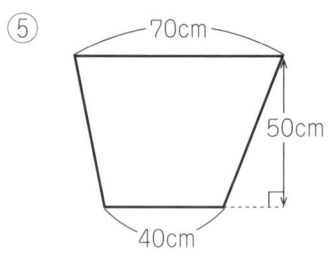

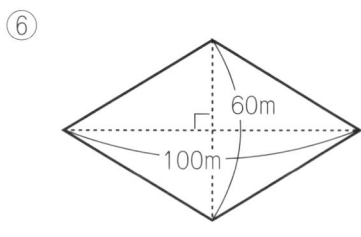

① 平行四辺形　底辺7cm、高さ4cm

② 平行四辺形　底辺2cm、高さ5cm

③ 三角形　底辺7cm、高さ5cm

④ 三角形　底辺7cm、高さ6cm

⑤ 台形　上底70cm、下底40cm、高さ50cm

⑥ ひし形　対角線100m、60m

(2) 右の図のように、長方形の畑をよこぎって平行四辺形の道をつくりました。

道を除いた畑の面積は何 m^2 でしょうか。

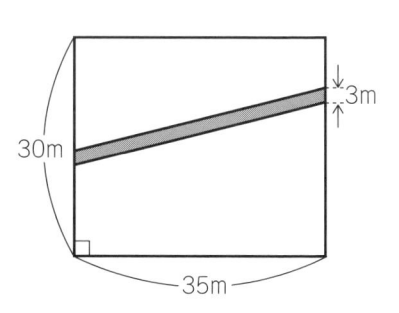

（長方形：縦30m、横35m、道の幅3m）

（注）道の面積は（1）の②の面積を求める方法で考えます。

鉛筆を手にもってトライ！

問題2

(1) 右の図は直径24cmの円です。
①、②の面積の和を求めましょう。

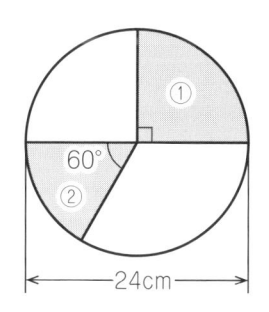

(2) 円、三角形、四角形のまわりの長さが同じであれば、面積も同じか調べてみましょう。

① 円（12）

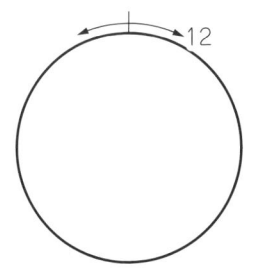

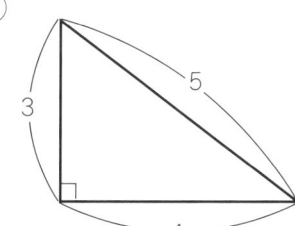

② 直角三角形（3, 4, 5）

③ 正方形（3, 3）

④ 長方形（2, 4）

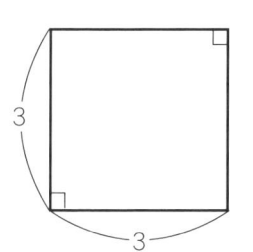

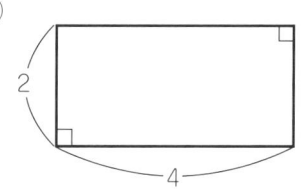

······問題の答えと解説······

問題1の答え

(1) ① 4×7＝28　　　　　　　　　　　答え　28cm²
　　② 2×5＝10　　　　　　　　　　　答え　10cm²
　　③ 7×5÷2＝17.5　　　　　　　　 答え　17.5cm²
　　④ 7×6÷2＝21　　　　　　　　　 答え　21cm²
　　⑤ (70＋40)×50÷2＝2750　　　　 答え　2750cm²
　　⑥ (60×100)÷2＝3000　　　　　　答え　3000m²

(2) (30－3)×35＝945　　　　　　　　 答え　945m²

問題2の答え

(1) ①②はそれぞれ円の何分の1か
　　① $90° \rightarrow \frac{90°}{360°} = \frac{1}{4}$　　② $60° \rightarrow \frac{60°}{360°} = \frac{1}{6}$
　　全体の円の面積＝半径×半径×3.14　直径24cm→半径12cm
　　①の面積＝$(12×12×3.14) × \frac{1}{4} = 113.04$
　　②の面積＝$(12×12×3.14) × \frac{1}{6} = 75.36$
　　①＋②＝188.4　　　　　　　　　　答え　188.4cm²

(2) ① (円周) 12＝半径×2×3.14
　　　円の面積＝$\frac{12}{2×3.14} × \frac{12}{2×3.14} × 3.14 ≒ 11.46$ （cm²）
　② 三角形の面積＝4×3÷2＝6 （cm²）
　③ 正方形の面積＝3×3＝9 （cm²）
　④ 長方形の面積＝4×2＝8 （cm²）

　※　よって、まわりの長さが同じでも面積はそれぞれちがう。

3 おうぎ形の面積

おうぎ形とは

円周の部分とその両はしの半径とでかこまれた図形をいいます。

(1) おうぎ形の面積

おうぎ形の面積は、円の面積に対するおうぎ形の割合で求められます。そのときの割合は中心角の比で表します。

たとえば、中心角90°のおうぎ形は、円全体の中心角が360°なので、90°はその $\frac{90°}{360°} = \frac{1}{4}$ で表されます。面積は円全体の $\frac{1}{4}$ ということになります。

$$おうぎ形の面積 = 半径 \times 半径 \times 3.14 \times \frac{x°}{360°}$$

(2) おうぎ形の円弧の長さ

おうぎ形の円弧の長さも円周に対するおうぎ形の割合で求められます。そのときの割合もやはり中心角の比で表します。

$$おうぎ形の円弧の長さ = 2 \times 半径 \times 3.14 \times \frac{x°}{360°}$$

例 右の図のおうぎ形の面積を求めましょう。また、円弧の長さも求めましょう。

面積 = $5 \times 5 \times 3.14 \times \frac{60°}{360°} ≒ 13$

円弧 = $5 \times 2 \times 3.14 \times \frac{60°}{360°} ≒ 5.2$

答え　面積13cm²　　円弧の長さ5.2cm

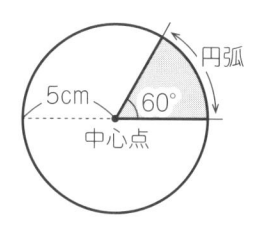

鉛筆を手にもってトライ！

問題

(1) 右の図は直径 24cm の円です。
①、②の面積の和を求めましょう。

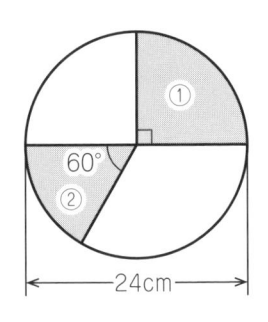

(2) 右の図のおうぎ形の面積と円弧の長さを求めましょう。

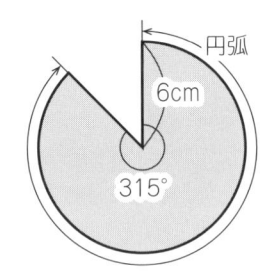

(3) 右の図のおうぎ形の面積と円弧の長さを求めましょう。

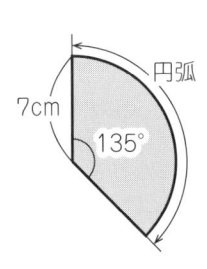

問題の答えと解説

問題の答え

(1) ①②のそれぞれ円に対する割合は

① $90° \rightarrow \dfrac{90°}{360°} = \dfrac{1}{4}$　　② $60° \rightarrow \dfrac{60°}{360°} = \dfrac{1}{6}$

全体の円の面積＝半径×半径×3.14　直径24cm→半径12cm

①の面積＝$(12 \times 12 \times 3.14) \times \dfrac{1}{4} = 113.04$

②の面積＝$(12 \times 12 \times 3.14) \times \dfrac{1}{6} = 75.36$

①＋②＝188.4　　　　　　　　　　答え　188.4cm^2

(2) おうぎ形の面積＝半径×半径×3.14×$\dfrac{x°}{360°}$

$= 6 \times 6 \times 3.14 \times \dfrac{315°}{360°} = 113.04 \times \dfrac{7}{8} = 98.91$

おうぎ形の円弧の長さ＝半径×2×3.14×$\dfrac{x°}{360°}$

$= 6 \times 2 \times 3.14 \times \dfrac{315°}{360°} = 32.97$

答え　面積　98.91cm^2　　円弧の長さ　32.97cm

(3) 面積＝$7 \times 7 \times 3.14 \times \dfrac{135°}{360°} = 153.86 \times \dfrac{3}{8} = 57.6975$

円弧の長さ＝$7 \times 2 \times 3.14 \times \dfrac{135°}{360°} = 43.96 \times \dfrac{3}{8} = 16.485$

答え　面積　57.6975cm^2　　円弧の長さ　16.485cm

4 立体図形の種類と体積

(1) 直方体とは

> 上と下、前と後、左と右がそれぞれ同じ形と大きさの長方形の面からできている形をいいます。

(2) 立方体とは

> 形は直方体で辺の長さがすべて等しいものをいいます。

(3) 角柱、円柱とは

> 上下の面が三角形などの多面体でできたものを角柱(直方体も含む)、円でできたものを円柱といいます。

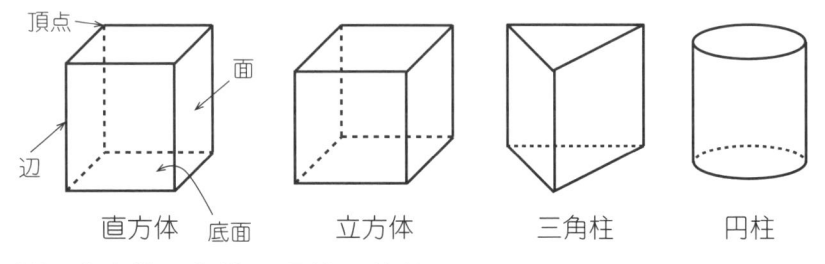

直方体 / 立方体 / 三角柱 / 円柱

(4) 直方体、角柱、円柱の体積

これらの立体の体積はすべて底面積×高さで求められます。

> 体積＝底面積×高さ

例

(1) 右の図の三角柱、円柱の体積を求めましょう。

①三角柱の体積＝(9×12)÷2×18
　　　　　　　＝972(cm³)

②円柱（直径12cm→半径6cm）
　円柱の体積＝6×6×3.14×16
　　　　　　＝1808.64(cm³)

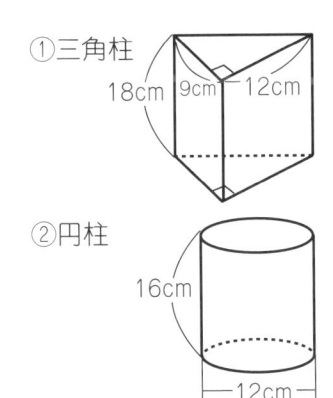

①三角柱

②円柱

(2) 右の図の直方体で、たがいに平行な面や、たがいに平行な辺は、それぞれ何組あるでしょうか。

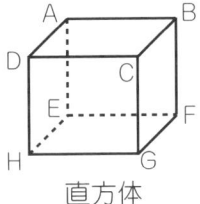

直方体

（解）平行な面は、面ABFEと面DCGH、面ABCDと面EFGH、面AEHDと面BFGCの3組です。
平行な辺は、AB、EF、DC、HGの組とAD、BC、FG、EHの組とAE、BF、CG、DHの組の3組あります。
答えは、面と辺それぞれ3組ずつになります。

(3) 右の図の立方体で、つぎの問いに答えましょう。
　①辺ABと垂直に交わる辺はどれですか。
　②辺ABと平行な辺はどれですか。
　③面ABCDと垂直な面はどれですか。
　④面ABCDと平行な面はどれですか。

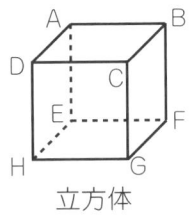

立方体

（解）①辺BC、辺AD、辺BF、辺AE　　②辺DC、辺EF、辺HG
　　　③面ABFE、面DCGH、面BCGF、面ADHE　④面EFGH

4 立体図形の種類と体積

鉛筆を手にもってトライ！

問題1

(1) 右の図から、（ ）中に答えを入れましょう。
　①全部で面の数は（　）あります。
　②3cmの辺の数は（　）あります。
　③4cmの辺の数は（　）あります。
　④5cmの辺の数は（　）あります。
　⑤全部で辺の数は（　）になります。
　⑥頂点の数は全部で（　）あります。

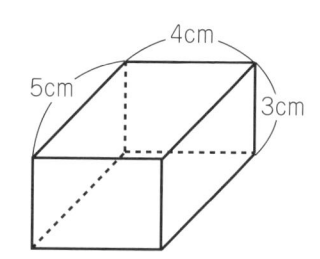

(2) 下の図のように、それぞれの面にそれぞれ数字がかいてあるサイコロがあります。これを①②のようにおいたとき、正面の数字はそれぞれどんな数字になるでしょうか。

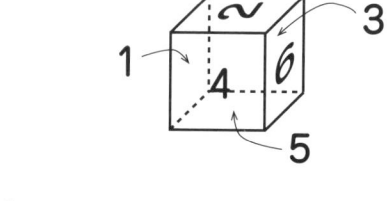

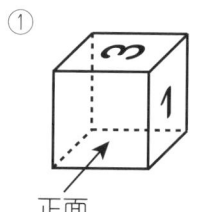

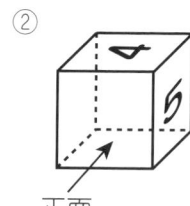

① 正面
② 正面

鉛筆を手にもってトライ！

問題2

(1) 右の図は立方体（2×2×2）の箱を積んだものです。この図の立体の体積はいくらでしょうか。

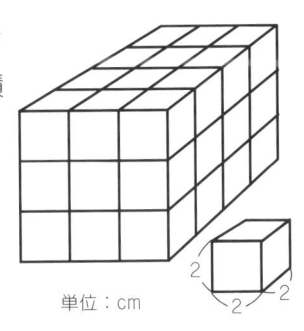

単位：cm

(2) 右の図のような水そうに、水が30cmの深さまで入っています。この水そうに同じ大きさの魚を3びき入れたところ、水面が1cm上がりました。魚1ぴきの体積はいくらでしょうか。

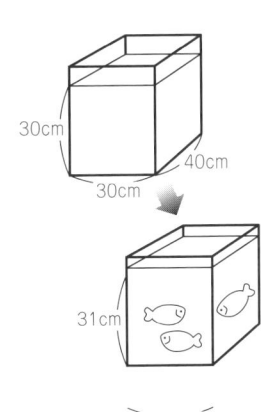

(3) 右の図のように、底面辺の長さ12cmの正方形で、高さ15cmの立体に、直径12cm、高さ15cmの円柱を差しこむと、すき間の体積は何cm³になるでしょうか。

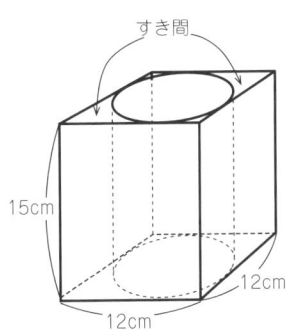

······················問題の答えと解説······················

問題1の答え

(1) ① 6　　② 4　　③ 4
　　④ 4　　⑤ 12　　⑥ 8

(2) ① 5　　② 1

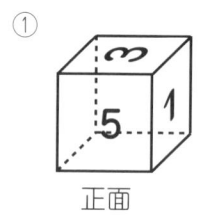

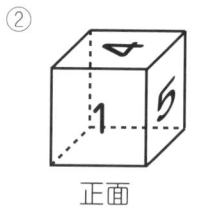

問題2の答え

(1) 　2×2×2×3×3×4=288

答え　288cm³

(2) 　30×40×1=1200
　　　1200÷3=400

答え　1ぴき400cm³

(3) 　角柱－円柱
　　　12×12×15－6×6×3.14×15=2160－1695.6=464.4

答え　464.4cm³

5 展開図って何？

展開図とは

> 立体の辺を切り開いて1枚の紙として広げた図を展開図といいます。

たとえば、正方形だけで囲まれた立方体を展開図としたものが①で、長方形だけで囲まれたものや2枚の正方形と4枚の長方形で囲まれた直方体を展開図としたものが②です。

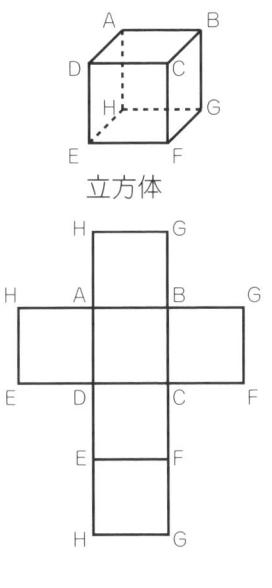

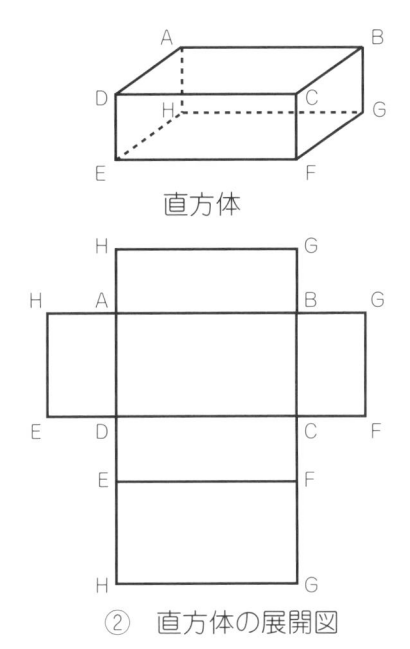

① 立方体の展開図   ② 直方体の展開図

1つの立体でも、その展開図にはいろいろなものがあります。
立方体の展開図では全部で11種類あります。

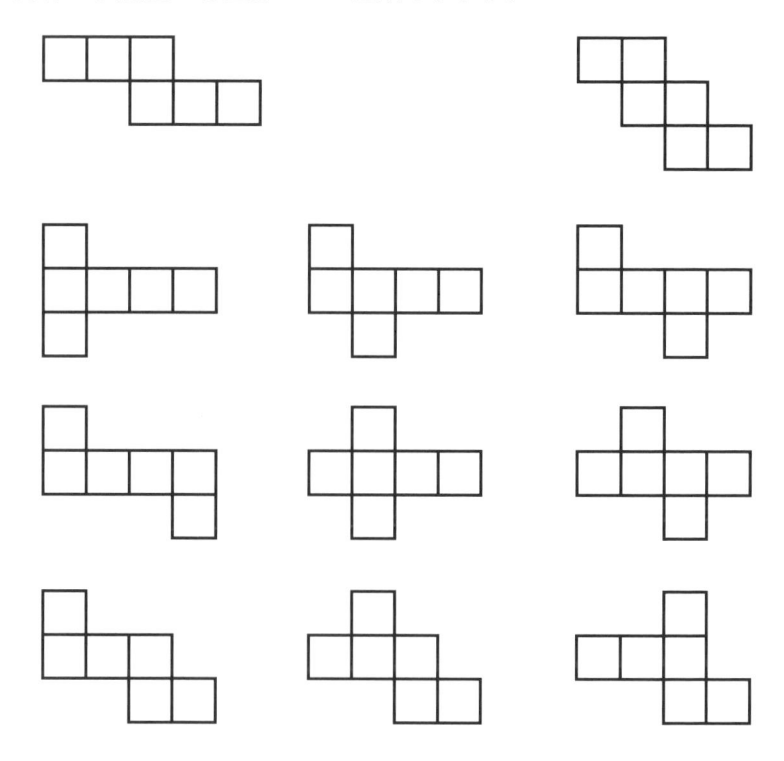

例 　立方体のそれぞれの面にちがった数字をわりふったものが、立方体と展開図でどのように並ぶか比べてみましょう。

つぎの展開図①から図②のAはどの数字になるか考えましょう。

①展開図　　②立方体

ここでは3になりますが、ほかの数字もどうなるか考えましょう。

鉛筆を手にもってトライ！

問題

(1) 下の図は直方体の展開図を表しています。（ ）に入る記号はどんなものでしょうか。

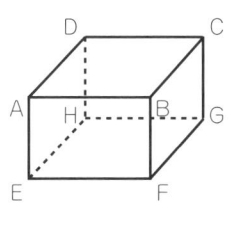

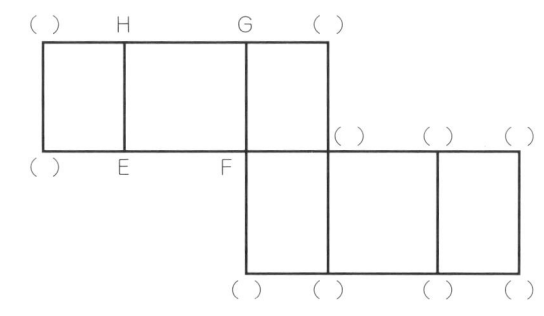

(2) つぎの立方体にかかれた線は、展開図上ではどのようにかかれるでしょうか。

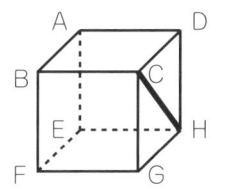

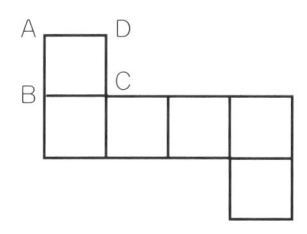

(3) 下の図のように、それぞれの正方形にそれぞれ数字がかいてある展開図があります。これを組み立てて4を正面としたとき、立体図のそれぞれの面はどんな数字がどんな向きになるでしょうか。

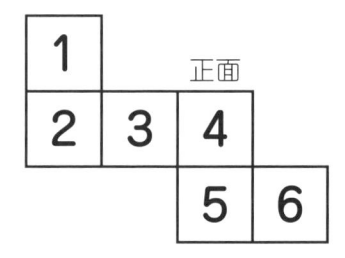

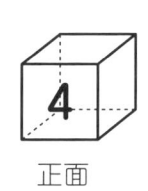

5 展開図って何？

······················問題の解説と答え······················

問題の答え

(1) 立方体とはちがい、面の大きさのちがいや向きのちがいに気をつけましょう。

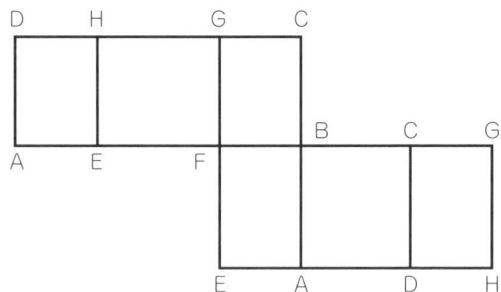

(2) まず、立方体の頂点の記号を展開図上にかきこんでみましょう。

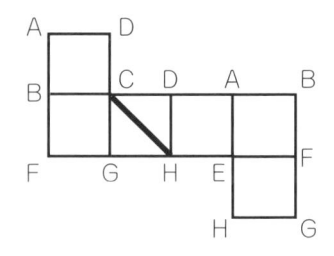

(3) どの面にどんな数字か、そしてどんな向きか、それぞれの頂点の重なり方に注意しましょう。

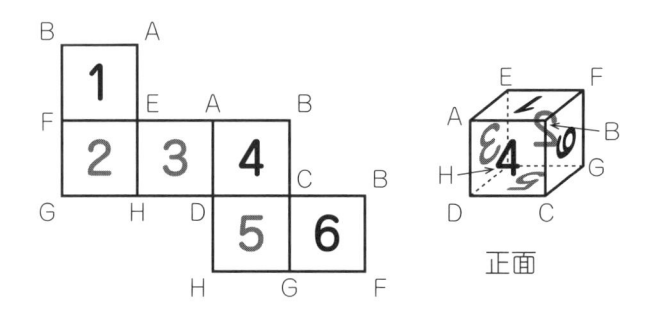

正面

ステップ 3

日常の中での考え方と計算

割合と比・平均と単位・
速さと時間と距離・
比例・場合の数

1 割合と比

1 割合とは

> 同じ種類の２つの量Ａ、Ｂについて、ＡはＢの何倍にあたるかを示す数をＡのＢに対する割合といいます。

割合には小数、歩合、百分率などを使って表します。

例 どの項目を使っても同じですが、さしあたって百分率（％）で比例式でつくってみましょう。

＜比例式＞

もとにする量が100％なら、くらべる量は何％か。

もとにする量：100％＝くらべる量：何％

内項の積＝外項の積なので（Ａ：Ｂ＝Ｃ：Ｄ → Ｂ×Ｃ＝Ａ×Ｄ）、

　　何％×もとにする量＝くらべる量×100％

$$何％（百分率）＝ \frac{くらべる量（比較量）}{もとにする量（基準量）} \times 100％$$

これが百分率を求める公式なのです。

この公式の考え方は、何％＝$\frac{B}{A} \times 100％$なので、

① Ａが100％ならば、Ｂは何％か

② Ａが100点ならば、Ｂは何点か

ということを意味します。

（注）この形（計算のしかた）をしっかり覚えてください。

2 比とは

右図の長方形、たて30、よこ60とします。このとき、たてはよこの $\frac{1}{2}$ （または [1:2]、[1 対 2]）です。これを、たてのよこに対する比といいます。

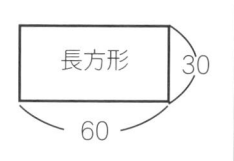

割合は全体を1としたとき、これに対する比率はいくらかということを表すものです。

たとえば、

小数　　1.0　→　0.1　→　0.01

としたとき、

歩合　　10割　　1割　　1分

となります。

このように、割合の値を覚えるには、最初の基本的な数字の流れを知っておくことが大切です。

つぎの表は、小数、歩合、百分率の関係を割合順にくらべたものです。

小数	歩合	百分率
1.0	10割	100%
0.1	1割	10%
0.01	1分	1%
0.001	1厘	0.1%

←これらの割合を考えます。
←全体を1と考えます。
←10分の1
←100分の1
←1000分の1

例

(1) 去年 2500 円だった品物が、今年は去年の 1.06 倍の値段になりました。今年は何円になったでしょうか。

（式）　今年の値段を x（円）とすると、
　　　　$x = 2500 × 1.06 = 2650$（円）

<u>　答え　2650 円　</u>

(2) つぎの小数（割合）を百分率と歩合で表しましょう。

① 　0.6　→　60％＝6 割
② 　0.75　→　75％＝7.5 割＝7 割 5 分

(3) つぎのそれぞれの A、B、C を大きい順に並べましょう。

① 　A は B の 0.6 倍、C は B の 1.2 倍です。
② 　A は B の $\frac{2}{3}$ で、C は A の $\frac{3}{5}$ です。

（式）
　① 　A＝0.6B、C＝1.2B　→　C（1.2B）、B、A（0.6B）
　　　A＜B、B＜C、よって C＞B＞A
　② 　A＝$\frac{2}{3}$B、C＝$\frac{3}{5}$A　→　B$\left(\frac{3}{2}A\right)$、A、C$\left(\frac{3}{5}A\right)$
　　　B＞A、C＜A、よって B＞A＞C

<u>　答え　① 　C＞B＞A、　② 　B＞A＞C　</u>

※不等号：大＞小、小＜大、
　　　　　大≧小（等しいか大きい）、小≦大（等しいか小さい）

鉛筆を手にもってトライ！

問題

(1) 値上がりについて調べましょう。

　　1個40円のみかんが50円になりました。また、1個80円のりんごが100円になりました。

　　値上がりの割合はどちらが大きいでしょうか。

(2) A君のクラスでは40人の中で、りんご、みかん、なしについて、どれが一番好きかを調べました。

　　その結果、りんごは全体の50％、みかんは全体の3割、なしは全体の0.2でした。

　　3つの果物のうち、それぞれを好きな人は何人いるでしょうか。

(3) B君の学校の生徒は720人います。通学で電車を使う人は全体の$\frac{1}{20}$、バスを使う人が全体の2割、自転車を使う人が全体の0.5、残りは徒歩で通学しています。

　それぞれ何人いるでしょうか。

(4) つぎの割合を小数と百分率で求めましょう。

　① 7人の56人に対する割合

　② 30円の100円に対する割合

(注) (1)～(4)すべてで、98ページ①の「Aが100％なら、Bは何％か　何％＝$\frac{B}{A} \times 100\%$」の形を思い出してください。

1　割合と比

············問題の答えと解説············

問題の答え

(1) 式　みかん　　$50（円）- 40（円）= 10（円）$

　　　　　　　　$\dfrac{10}{40} \times 10 = 2.5$　←歩合にして10をかけた

　　　りんご　　$100（円）- 80（円）= 20（円）$

　　　　　　　　$\dfrac{20}{80} \times 10 = 2.5$　←歩合にして10をかけた

　　答え　みかんもりんごもともに2割5分の値上がりで共通

(2) 式　りんご　　$40（人）\times \dfrac{50}{100}（50\%）= 20（人）$

　　　みかん　　$40（人）\times \dfrac{3}{10}（3割）= 12（人）$

　　　なし　　　$40（人）\times \dfrac{2}{10}（0.2）= 8（人）$

　　　　答え　りんご20人、みかん12人、なし8人

(3)　生徒全体で720人。

　　式　電車　　$720 \times \dfrac{1}{20} = 36（人）$

　　　　バス　　$720 \times \dfrac{2}{10} = 144（人）$

　　　　自転車　$720 \times \dfrac{5}{10} = 360（人）$

　　　　徒歩　　$720 - 36 - 144 - 360 = 180（人）$

　　答え　電車36人、バス144人、自転車360人、徒歩180人

(4)　① $\dfrac{7}{56} = 0.125$　　　　② $\dfrac{30}{100} = 0.3$

　　　　　　　　答え　①　小数0.125、百分率12.5％

　　　　　　　　　　　②　小数0.3、百分率30％

2 平均と単位量あたりの大きさ

1 平均とは

> いくつかの数をどれも同じ数になるようにしたものを平均といいます。

平均には、数、長さ、そのほか量的なものがいろいろと考えられます。

例 つぎの数の平均を計算しましょう。

(1) 1、2、3、4、5、6、7、8、9、10までの平均を求める。

合計式
$$1+2+3+4+5+6+7+8+9+10=55$$

平均式　上の合計を10でわる
$$55 \div 10 = 5.5$$

　　　　　　　　　　　　　　　　　　　　　答え　5.5

(2) つぎの表は家族の体重を示したものです。家族の体重の平均はいくらでしょうか。

	父	母	兄	妹	ぼく
体重 kg	65	52	58	30	35

家族5人の体重の合計とその平均体重を求めます。

式　　平均 $= \dfrac{65+52+58+30+35}{5} = \dfrac{240}{5} = 48$ (kg)

　　　　　　　　　　　　　　　　　　　　　答え　48kg

2 単位あたりの大きさとは

> 塩水1Lあたりの塩の量や人口密度（1km²あたりの人数）、速さ（1時間あたり進む距離）などを表すときに使っています。

例

(1) 1Lのガソリンで A 自動車は 15km、B 自動車は 12km 走ることができます。120km の道のりを走るのに、A、B それぞれの自動車は何 L のガソリンが必要でしょうか。

式　A は　120 ÷ 15 = 8（L）
　　B は　120 ÷ 12 = 10（L）

<u>　　　　　　　　　答え　A 自動車 8L、B 自動車 10L　</u>

(2) みかん 3 個 180 円と、2 個 130 円とでは、1 個あたりはどちらが安いでしょうか。

式　180 ÷ 3 = 60（円）　←　1 個あたりの値段を求める。
　　130 ÷ 2 = 65（円）　←　1 個あたりの値段を求める。

<u>　　　　　　　　　　　答え　3 個 180 円のみかん　</u>

　いろいろな量を比べてみて、その単位量あたりの大きさを比較してみましょう。

3 単位の交換

物の長さや重さ、水の量などを表すために単位があります。

水の量ではL（リットル）で、1リットルは1Lとかきます。水などの液体の量はつぎのように表されます。

L（リットル）、dL（デシリットル）、mL（ミリリットル）で、

$$1L = 10dL = 1000mL \qquad 1dL = 100mL$$

となっています。

長さは、km（キロメートル）、m（メートル）、cm（センチメートル）、mm（ミリメートル）が使われ、つぎのように表されます。

$$1km = 1000m \qquad 1m = 100cm \qquad 1cm = 10mm$$

重さは、t（トン）、kg（キログラム）、g（グラム）が使われ、つぎのように表されます。

$$1t = 1000kg \qquad 1kg = 1000g$$

また広さは面積としてm^2以外では、a（アール）、ha（ヘクタール）という単位でも表されます。

$$1a = 100m^2 \quad 1ha = 100a = 10000m^2 \quad 100ha = 1km^2$$

例 1Lとは（たて）10cm ×（よこ）10cm ×（高さ）10cmの容器の大きさに入る水などの液体の量です。

大きさの図は下記のとおりです。

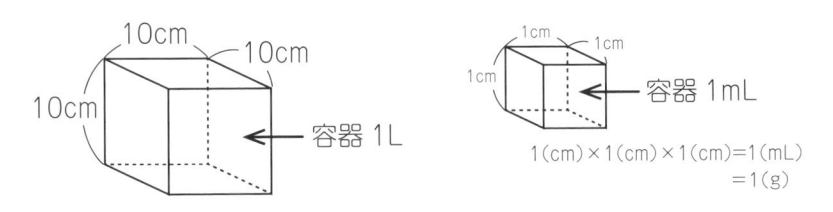

容器 1L

容器 1mL
1(cm) × 1(cm) × 1(cm) = 1(mL)
= 1(g)

$$10(cm) \times 10(cm) \times 10(cm) = 1000(cm^3) = 1(L)$$

水の量と重さの関係 → 1L = 1000mL = 1000g = 1kg

鉛筆を手にもってトライ！

問題 1

（1） 大工さんは、はじめの5日間は8人ずつ働き、つぎの10日間は14人ずつ働いて家をたてました。
1日平均、何人が働いたでしょうか。

（2） りんごが6個あります。その平均の重さは135gです。1個食べたあと、残った5個の重さはそれぞれ128g、136g、137g、135g、139gでした。
食べたりんごの重さは何gでしょうか。

（3） 右の表はある小学校の生徒6人の身長を表しています。
この中から4人を選んで身長の平均を求めたら124cmでした。
残り2人の名前を答えましょう。

名前	身長cm
おさむ	121
まなぶ	123
みのる	125
あきら	124
りょう	127
てるお	129

鉛筆を手にもってトライ！

問題2

(1) まさお君の自転車は車輪の直径が60cmです。3秒間で8回転する割合で走るとすれば、10秒間で何m走ることになるでしょうか。（円周率は3.14とします）

(2) のぼる君の田んぼは500m²で250kgのお米がとれました。しげる君の田んぼでは900m²で520kgのお米がとれました。どちらの田んぼのほうが10aあたりどれだけ多く、お米はよくとれたでしょうか。小数点以下は四捨五入してください。（1a＝100m²）

(3) 右の表は南池と北池の広さと魚の数を表しています。

池の名前	広さ m²	魚の数
南池	3800	6900
北池	4600	9150

① 魚1匹あたりの池の広さは、どちらの池が何m²広いでしょうか。答えは四捨五入して小数点第2位まで求めましょう。

② 1m²あたりの南池、北池の魚の数は何匹でしょうか。答えは四捨五入して小数点第1位まで求めましょう。

·········問題の答えと解説·········

問題1の答え

(1) 式　$5×8+10×14=40+140=180$
　　　　$180÷15=12$　　　　　　　　　　　　答え　12人

(2) 式　$128+136+137+135+139+x=135×6$
　　　　$675+x=810$　　　　$x=810-675=135$
　　　　　　　　　　　　　　　　　　　　　　答え　135g

(3) 　6人の合計＝$121+123+125+124+127+129=749$……①
　　　4人の平均＝$124×4=496$……②
　　　①－②＝$749-496=253$……残り2人の合計
　　　あきら＋てるお＝$124+129=253$
　　　　　　　　　　　　　　　　　　　　答え　あきら、てるお

問題2の答え

(1) 式　$60 × 3.14 × \dfrac{10}{3} × 8 = 5024$（cm）→ 50.24（m）
　　　　　　　　　　　　　　　　　　　　　　答え　50.24m

(2) のぼる君　$500m^2=5a$→$250kg$　　$10a$→$500kg$
　　 しげる君　$900m^2=9a$→$520kg$　　$10a$→$520kg × \dfrac{10}{9} ≒ 578kg$
　　 $578-500=78$
　　　　　　　　　答え　しげる君のほうが10aあたり78kg多い

(3) ①　南池　$3800 ÷ 6900 = 0.55$（m²）
　　　　北池　$4600 ÷ 9150 = 0.50$（m²）
　　　　　　$0.55 - 0.50 = 0.05$（m²）
　　　　　　答え　南池が北池より1匹あたり0.05m²広い

　　② 南池　$\dfrac{6900}{3800} ≒ 1.8$（匹）　北池　$\dfrac{9150}{4600} ≒ 2.0$（匹）
　　　　　　　　　　　　　答え　南池1.8匹、北池2.0匹

ひとことアドバイス

単位について

　単位はあるものを計算した値(あたい)のあとに単につけているものではありません。そのあるものを計算するための手助けをしているのです。

　たとえば、面積を求めるとき、

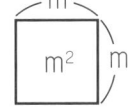

　　（たて）×（よこ）　　$m × m = m^2$

m^2 は単位であり、公式として計算の方法を教えてくれているのです。

　ある面積あたり、どれだけの力、荷重(かじゅう)、圧力(あつりょく)が加えられているかという問題にしても、

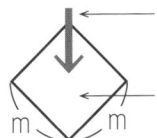

荷重：kg
面積：$m × m = m^2$

$$\frac{荷重}{面積} = \frac{kg}{m^2} \quad 圧力の計算$$

$$↓$$

kg/m^2　　圧力の単位

kg/m^2 という単位になり、計算した値のあとにつけます。

　でも、よく考えてみますと、kg は荷重であり、m^2 は面積なので、全体の荷重をそこにかかる面積でわれば、単位あたり（m^2）、どれだけの荷重（kg）がかかるか、単位が公式として計算のしかたを教えてくれていることがよくわかります。

3 速さ・時間・道のり

速さとは

速さ＝道のり（距離）÷時間
このようなお互いの関係があります。

速さにはいろいろな単位の選び方があり、時速、分速、秒速があり、それで速さを比べたりします。

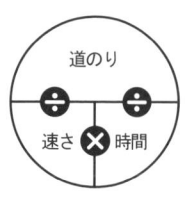

例

(1) 道路標識に時速 60km と定められているのをよくみかけます。これを分速、秒速になおすと何 m になるでしょうか。

　　　1時間＝60分＝3600秒　　　1km＝1000m
　式　60000(m)÷60(分)＝1000(m/分)……分速
　　　60000(m)÷3600(秒)≒16.66(m/秒)≒17(m/秒)……秒速
　　　　　　分速(m/min)　　秒速(m/s)
　　　答え　分速1000m/分（m/min）、秒速17m/秒（m/s）

(2) 5km を 15 分で走る人の時速はいくらでしょうか。

　式　$5 \times \dfrac{60}{15} = 20$（km/時）　　　時速（km/h）

　　　　　　　　　　　　　　　　　　答え　20km/h

鉛筆を手にもってトライ！

問題1

(1) 2275km を 2 時間 30 分で飛ぶジェット機があります。このジェット機の時速と分速を求めましょう。

(2) 直径 63.7cm の円板が 1 秒間に 50 回転すれば、円周 A 点、中間 B 点のそれぞれの秒速はいくらでしょうか。

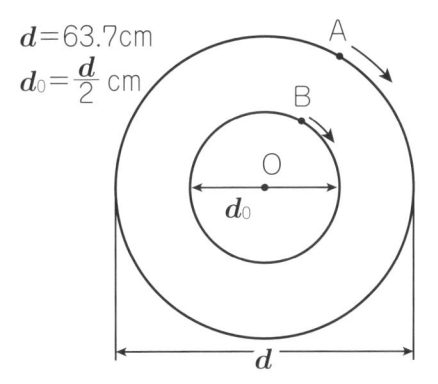

$d = 63.7$cm
$d_0 = \dfrac{d}{2}$ cm

(3) 秒速 60m の新幹線と時速 250km の競争自動車とでは、どちらが速いでしょうか。分速で比べてみましょう。

鉛筆を手にもってトライ！

問題2

(1) 284km 離れた A 駅まで 4 時間で走る電車があります。
　① この電車の時速は何 km でしょうか。

　② この電車の秒速は何 m でしょうか。

　③ この電車が 1 時間 30 分走り続けると何 m 進むでしょうか。

(2) ぼくのお父さんは時速 65km で自動車を運転して 45km 離れた会社に行きます。
　① 何分かかるでしょうか。

　② 秒速になおすと、どれくらいの速さになるでしょうか。

・・・・・・・・・・・・・・・・・・・・・・・・・・問題の答えと解説・・・・・・・・・・・・・・・・・・・・・・・・・・

問題1の答え

(1) 2時間30分＝150分

式　　$\dfrac{60}{150} \times 2275 = \dfrac{136500}{150} = 910$（km/h）

$\dfrac{910}{60} \times ≒ 15.17$（km/min）

答え　910km/h、15.17km/min

(2) 円周の長さ＝$d \times 3.14$　　回転数＝50回転

式　A. $63.7 \times 3.14 ≒ 200$（cm）

$200 \times 50 = 10000$（cm/秒）＝100（m/s）

B. $\dfrac{63.7}{2} \times 3.14 ≒ 100$（cm）

$100 \times 50 = 5000$（cm/秒）＝50（m/s）

答え　A. 100m/s　B. 50m/s

(3) 新幹線の分速　$60 \times 60 = 3600$（m）　→　3600m/min

競争自動車の分速　$\dfrac{1}{60} \times 250000 ≒ 4167$（m）→4167m/min

$4167 - 3600 = 567$（m/min）

答え　競争自動車のほうが567m/min速い

問題2の答え

(1) ① $284 ÷ 4 = 71$（km/h）　　　　答え　71km/h

② $71000 ÷ 3600 ≒ 19.72$（m/s）　答え　19.72m/s

③ $\dfrac{1.5}{1} \times 71 = 106.5$（km）　　答え　106500m

(2) ① $45 ÷ 65 \times 60 = 41.53$（分）　答え　41.53分

② $65000 ÷ 3600 ≒ 18.1$（m/s）

答え　18.1m/s

113

ひとことアドバイス

時間と時刻のちがい？

子どもの頃、「時間」と「時刻」について迷ったことがあります。正しく説明しますと……

時間は……A地点からB地点に行く（着く）のに、どれだけかかったか、この間のことを「時間」といいます。

時刻は……A地点を出発するときには何時だったのか、B地点に着いたときは何時だったのか、これを「時刻」といいます。

また、時計の計算には角度（°）と時間（時、分、秒）の2通りの式があり、どちらの方法でも求めることができます。

	角度	時間
長針の1周	360°	60分
短針	30°	5分（長針）
1分間の長針の速さ	$\frac{360°}{60分}=6°/分$	$\frac{60分}{60}=1分$
1分間の短針の速さ	$\frac{30°}{60分}=0.5°/分$	$\frac{1}{12}分$
1分間の長針と短針の差	$6°-0.5°=5.5°/分$	$1-\frac{1}{12}=\frac{11}{12}分$

（例）　いまちょうど2時とすると、この後の長針と短針が重なる時刻はいつでしょうか。

$60°÷5.5=10.9$（分）　　$10÷\frac{11}{12}=10×\frac{12}{11}=10.9$（分）

0.9分を秒になおすには、$60×\frac{0.9}{1}=54$（秒）

答え　2時＋10分＋54秒　→　2時10分54秒

4 比例

1 比例とは

> 比例とは、対応する量の変わり方を表します。
> 対応する2つの量を x、y としたとき、x が2倍、3倍……となるときに、y も2倍、3倍……となることを正比例といいます。
> また逆に、x が2倍、3倍……となるときに、y が $\frac{1}{2}$ 倍、$\frac{1}{3}$ 倍……となることを反比例といいます。

2 正比例の場合

たての長さ x (cm)	1	2	3	4	5
面積 y (cm²)	2	4	6	8	10

上の表から、面積 $y$cm² はそれぞれいくらになるでしょうか。

式　$y \div x = \dfrac{y}{x} =$（きまった数）

$\dfrac{2}{1} = 2$……（きまった数）……（よこ）

$y = 2x$ となりますので、

$y = 2 \times 2 = 4$ (cm²)

$y = 2 \times 3 = 6$ (cm²)

$y = 2 \times 4 = 8$ (cm²)

$y = 2 \times 5 = 10$ (cm²)

となり、この表から正比例であることがわかります。

正比例する２つの量 x、y では、２つの量の商（$y \div x$）がいつも同じになるので、x と y の対応のきまりは、つぎの式で表されます。

$$y = (きまった数) \times x \quad または \quad y \div x = (きまった数)$$

自動車の速さを一定の 0.6km/m とすると、時間（x 分）と道のり（$y$km）の関係を式に表すと、

$$y = 0.6x \quad または \quad y \div x = 0.6$$

です。これを正比例のグラフにかき表すと、自動車の時間（x 分）、道のり（$y$km）だから、「x 分」をよこ軸とし、「y km」をたて軸にしてグラフをかくと、下のグラフのようになります。

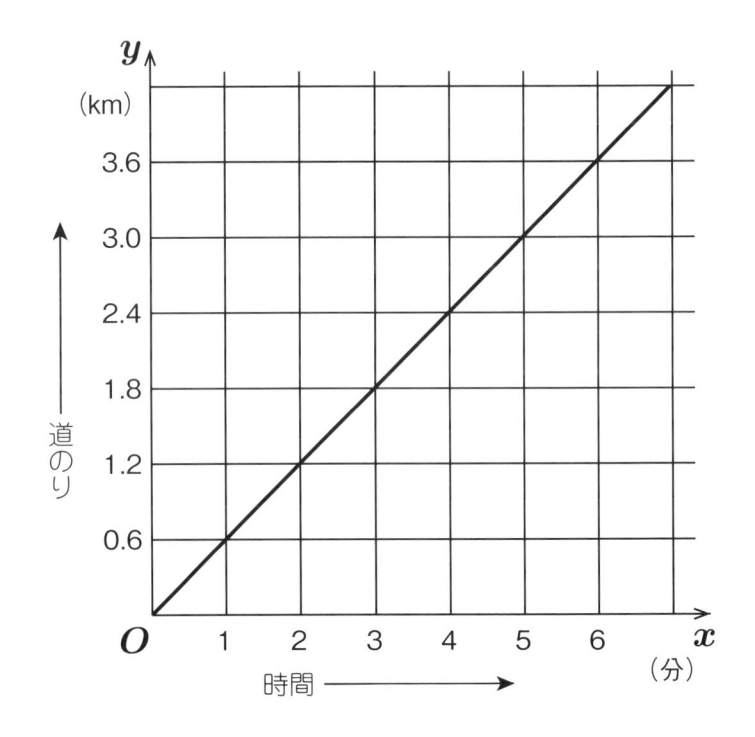

正比例は２つの量の関係を表していて、直線はかならず原点 O を通ります。また、x の値が大きくなれば、y の値も大きくなります。

3 反比例の場合

下の表では、時速 x が速くなるほど時間 y は短くなっています。

反比例の式は、反比例する2つの量 x と y では、2つの量の積がいつも同じになりますから、x と y の対応のきまりは、つぎの式で表されます。

$$x \times y = (きまった数) \quad または \quad y = (きまった数) \div x$$

時速 x （km）	10	20	30	40	60
時間 y （時間）	12	6	4	3	2

上の表をグラフで表してみましょう。

$x \times y = 10 \times 12 = 120$ （きまった数）

x と y の関係を表すグラフは原点 O のほうにふくらんだ曲線になります。

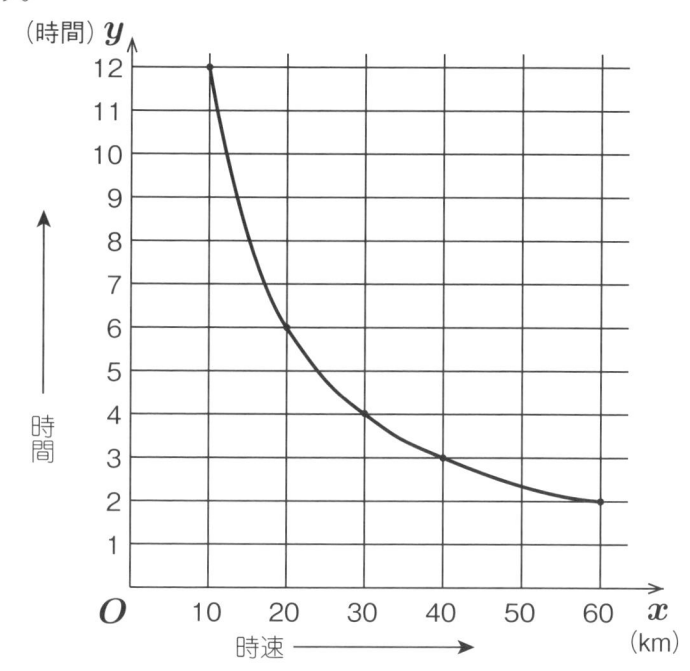

4 比例

問題

(1) つぎの2つの量 x、y は正比例なのか反比例なのか、式をかいて答えましょう。

① 底辺12cmの三角形の高さ $x$cm と面積 $y$cm² との関係は。

② 15cmの道のりを行くのに時速 $x$km と時間 y との関係は。

③ 底面積180cm² の角柱の高さ $x$cm と体積 $y$cm³ との関係は。

④ 円の半径 $x$cm と円周 $y$cm との関係は。

(2) 海水200Lから5kgの食塩がとれるとします。350kgの食塩をとるには海水は何Lいるでしょうか。

(3) たて5cmの長方形があります。このとき、よこが1cm、2cm、3cm、4cm、5cmと変わると、面積はどのようになるか、表でかきましょう。

よこ （cm）	1	2	3	4	5
面積 （cm²）					

鉛筆を手にもってトライ！

(4) おさむ君が家から学校まで歩いて行くと18分かかります。自転車で行くと9分です。では、歩いて15分かかるところを自転車で行くと何分かかるでしょうか。

(5) 大工さんが家を建てるのに毎日8人働いて20日かかるのを、15日で建てるには、働く人を何人ふやせばいいでしょうか。
（小数点以下は切り上げます）

(6) 下の表は水そうに水を入れた時間と深さの関係を表しています。この表の空いている箇所㋐〜㋓に適当な数字を入れて、時間と深さの関係を式で表しましょう。

また、35分間水を入れると深さは何cmになるでしょうか。

時間(分)	1	㋐	3	4	㋒	6
深さ(cm)	2	4	6	㋑	10	㋓

上の表は正比例です。

··········問題の解説と答え··········

問題の答え

(1) ① $y = 12 \times x \div 2$　　正比例

　　② $x \times y = 15$　　反比例

　　③ $y = 180 \times x$　　正比例

　　④ $y = 2 \times x \times 3.14$　　正比例

(2) $\dfrac{200}{5} \times 350 = 14000$　　　　　　　　答え　14000L

(3)

よこ (cm)	1	2	3	4	5
面積 (cm²)	5	10	15	20	25

(4) $\dfrac{15}{18} \times 9 = 7.5$　　　　　　　　答え　7.5分

(5) $\dfrac{20}{15} \times 8 = 10.7$

　　　　　　　　　　　　　人の数なので2.7人ではなく3人

　　$10.7 - 8 = 2.7$（人）　　　　　　答え　3人

(6) 　　　　　　　　答え　㋐2、㋑8、㋒5、㋓12

　　（式）時間 x、深さ y とすると、

　　$y = 2x = 2 \times 35 = 70$　　　　　答え　70cm

5 場合の数

場合の数とは

あることが起こるとき、そのすべての場合をもれなく1つ1つ数えることを「場合の数」といいます。

例1 3人並べば、何通りの並び方があるのでしょうか。

（式） 1 × 2 × 3 = 6　　　　　　6通りあります。

例2 A地点からE地点に行くのに、何通りあるでしょうか。

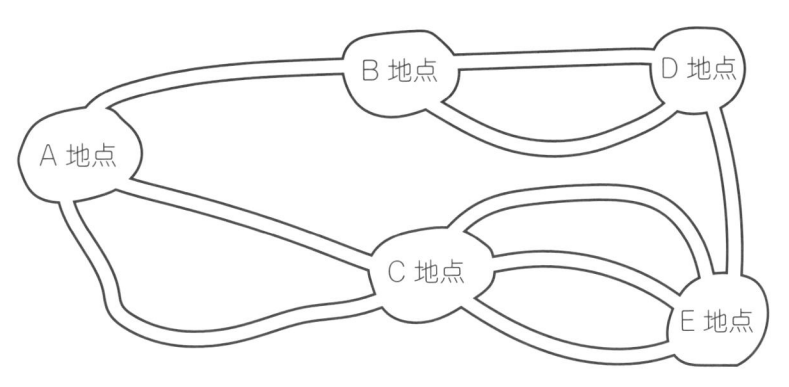

<解き方>　　　A－B－D－E　→　2通り
　　　　　　　A－C－E　　　→　6通り

答え　8通り

問題

（1） A地点からC地点に行くには、何通りあるでしょうか。

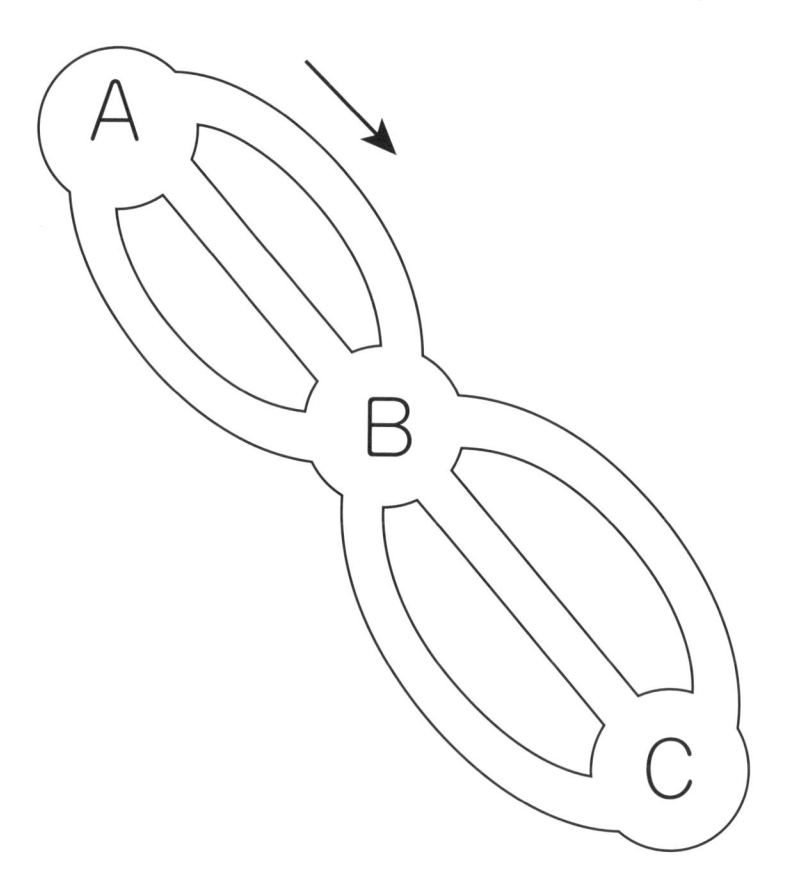

（2） ２ ３ ４ の３枚のカードを並べて３けたの数を作りたい。何通りの数ができるでしょうか。

鉛筆を手にもってトライ！

(3) 　1　2　3　4　5　の5枚のカードから3枚取り出す取り出し方は何通りあるでしょうか。

(4) 　うさぎ、犬、きつね、ねこの4匹の動物がいます。順番に並ぶ方法は何通りあるでしょうか。

(5) 　リレーの選手は、A君、B君、C君、D君の4人です。この4人の順番の決め方は何通りあるでしょうか。ただし、A君は最終ランナー（4番走者）として決めています。

問題の解説と答え

問題の答え

(1)　　A－Bを通る方法は３通り。
　　　 B－Cを通る方法は３通り。
　　（式）　３×３＝９
　　　　　　　　　　　　　　　　　　　　　　　答え　９通り

(2)　百の位の選び方は　2 、 3 、 4 　の３通りです。

　　十の位のカードは残りの２枚から選びます。選び方は２通りです。
　　一の位は残りの１枚が並べればいいのです。
　　このことから、カードの並べ方は、
　　　３×２×１＝６
　　　　　　　　　　　　　　　　　　　　　　　答え　６通り

(3)　５枚のカードから３枚取り出す取り出し方は、選ばれない２枚に目をつけて考えていきます。

　＜解き方＞
　　①　まず百の位を１、２、３、４、５とおきます。
　　　　１〇〇、２〇〇、３〇〇、４〇〇、５〇〇
　　②　つぎに十の位を２、３、４、５、１とおきます。
　　　　１２〇、２３〇、３４〇、４５〇、５１〇
　　③　そのつぎに一の位を３、４、５、１、２とおきます。
　　　　１２３、２３４、３４５、４５１、５１２
　　となります。
　　さらに足りない１２４、１３４、１３５、２３５、２４５で１０通りとなります。

　　　　　　　　　　　　　　　　　　　　　　　答え　１０通り

···問題の解説と答え···

(4) ① 4匹の中から1番目を決める　　　　　　4通り
　　② 残った3匹の中から2番目を決める　　　3通り
　　③ 残った2匹の中から3番目を決める　　　2通り
　　④ 残った1匹は4番目となる　　　　　　　1通り
　　（式）　4×3×2×1＝24

　　　　　　　　　　　　　　　　　答え　24通り

(5)　1人は最終ランナーとして決めていますので、残り3人について考えればいいのです。
　　① 1番走者は3人の中の1人　　　　　　　3通り
　　② 2番走者は2人の中の1人　　　　　　　2通り
　　③ 3番走者は1人しかいないので　　　　　1通り
　　（式）　3×2×1＝6

　　　　　　　　　　　　　　　　　答え　6通り

ひとことアドバイス

工夫した三角定規

　持ち運びやすくて、いろいろな角度をつくることができて、使いやすい、わたしが考えてつくった三角定規です。

　通常の2枚一組の三角定規は、平たくて大きく、線を引くときに角が腕や脇に当たり、手間取ったりしてうまく使うことができませんでした。

　そこで、小回りがきいて、通常よりも小さくて、ふで箱や胸のポケットにも入れることができて、持ち歩くこともかんたんな、そして効率のよい定規はと考え出したものです。算数・数学ではこんなことも考えて工夫すると、どんどん楽しくなっていきます。

　この定規は、全日本教職員発明展（発明協会）に出品し、3年連続入選の中の一点で、新しい定規としてみなさんに親しまれています。

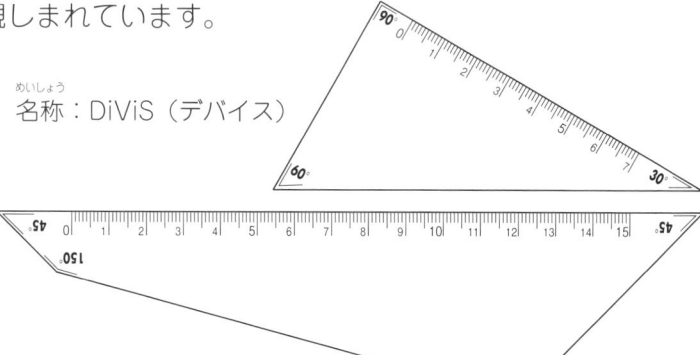

名称：DiViS（デバイス）

おわりに

　「算数の問題がわからない」というとき、実はこの段階がほんとうに算数がわかるようになって好きになるか、わからなくなって嫌いになるかの分かれ道なのです。そこを「これはこうすることがきまりだから」などと単に法則を覚えていくと、この先に数学になったときに（中学になったとき）つまずき、もう先に進めなくなります。

　たとえば、「分数のわり算は逆数にしてかけ算にする」と法則を覚えているだけだと、「なぜ逆数にするのか」と疑問を感じはじめたときにもう前に進めなくなります。

　ほんとうによく勉強しているときは必ず疑問をもつものです。これが知識、創造力が発揮される始まりです。何も疑問をもたないときは、まだそこまでになっていないことも考えられます。算数・数学は、ある目的に向かって難問を解決するところに感動があり、算数・数学のおもしろさ、楽しさがある学科です。これらの基本を少しでも解決できるように考えたのが本書です。

　私の中学・高校時代は基本的にひとりでの勉強でした。先生がいないので、ひとりで学習するにはかなりの無理もありましたが、これに耐えて粘り強く挑戦していき、ひとつひとつ積み重ねていきました。教科書だけに頼らず、目の前の問題に手当り次第に取り組んでいきました。

　このことから、私の独学でのひとつひとつの積み重ねが本書であり、これを読んでいただくことにより、算数・数学が好きになってくださることを望みます。

南澤巳代治

著者：南澤 巳代治（みなみさわ・みよじ）

京都府生まれ。発明家、学習教材開発者。奈良県立高等学校教諭、国立奈良工業高等専門学校非常勤講師、近畿大学理工学部非常勤講師を歴任。
発明家としての豊かな発想を生かし、教科書にとらわれない算数の考え方を考案。全日本教職員発明展（発明協会）では3年連続入選など、数多くの学習教材を開発している。
著書に、『ゼロから始めるやり直し算数脳に変わる本』（中経出版）、『ぺたぺたパズルあそび』（サンリオ）、『みよじいちゃんの「なんで？」にこたえるおもしろ算数 小学1・2年』（梧桐書院）、『やさしい算数・図形の勉強』『復習でわかる算数・数学の勉強』『わすれた算数・数学の勉強』（いずれもパワー社）などがあるほか、学習雑誌や『算数おもしろ大事典』（学習研究社）に協力執筆している。

もう一度、小学校5年・6年の算数がよ〜くわかる本

2015年6月6日　第1版第1刷発行

著者	南澤巳代治（みなみさわ・みよじ）
制作・DTP	エマ・パブリッシング
カバー・デザイン	釈迦堂アキラ
印刷	株式会社文昇堂
製本	根本製本株式会社

発行人　西村貢一
発行所　株式会社 総合科学出版
　〒101-0052　東京都千代田区神田小川町3-2 栄光ビル
　TEL　03-3291-6805（代）
　URL : http://www.sogokagaku-pub.com/

本書の内容の一部あるいは全部を無断で複写・複製・転載することを禁じます。
落丁・乱丁の場合は、当社にてお取り替え致します。

© 2015 南澤巳代治
Printed in Japan　ISBN978-4-88181-846-6